なぜ科学を学ぶのか

池内了 Ikeuchi Satoru

★——ちくまプリマー新書
335

目次 ＊ Contents

本文イラスト　たむらかずみ

はじめに

現代は、科学・技術に立脚した文明社会と言えるでしょう。科学・技術の力によって発明され開発されたさまざまな機械や装置や道具や製品によって、社会のインフラストラクチャー（略してインフラ。工場・道路・鉄道などの産業基盤や学校・病院・公園などの生活関連の公共施設）が整備され、物資の生産や輸送が効率的に行われ、安定した日常生活が営めるからです。私たちは豊かで便利な生活をおくり、病気になっても治療を受けられ、健康で文化的な生活が楽しめることを当然だと思っていられるのも、科学・技術の恩恵によっているといっても過言ではありません。科学・技術の発展こそが現代社会を支えているのです。

私は、この現代の科学・技術文明を「地下資源文明」と呼んでいます。石油や石炭や天然ガスなど地下から掘り出した化石燃料（ウランも宇宙の進化が遺した化石です）を主なエネルギー源として使い、鉄や銅やボーキサイト（アルミニウムの原料）などの地下に埋没していた金属資源から機械や車両や建物などを製作し、シリコンやゲルマニウムなど半導体と呼ばれる鉱物を使ってIC（集積回路）を動かしており、地下資源抜きにして現代の文明は成り立たないからです。そのような地下資源の効果的な利用法は、産業革命以来の科学や技術の研究から生まれたものです。まさに、現代は科学・技術の時代といってもよいでしょう。私たちは、科学・技術の産物を当たり前として利用していますが、多くの科学者・技術者の努力による研究・開発の蓄積があったことは言うまでもありません。

歴史的に見ると、人類が二本足で立ち上がってから過酷な自然環境の中で生き残ってきた理由として、科学・技術が背後で支えてきたためと言えるのではないでしょうか。むろん石器や土器の製作から始まって、火の使用や植物の採集を行い、農業を開始して食糧生産の革命を引き起こすという段階までは、明確にこれが科学・技術だと意識していたわけではありません。しかし、これらの営みは科学・技術の原初的な試みであったことは確かです。

さらに、実の大きい植物を選んで掛け合わせて品種改良をしたり、野生動物の習性を見抜いて家畜化したり、砂や鉱石に熱を加えてガラスや鉱物を取り出したりするというような作業がなされました。これらの作業は、日々の経験を積み重ねる中で、対象の物質に手を加えることによって、自分たちにとって都合のよいものに作り変えようとする技術の試みと言えるのではないでしょうか。

世界各地に残る神話や伝説の数々には、荒唐無稽《こうとうむけい》なものが多くありますが、それらは、この世界の成り立ちや始まりについて想像して創り上げた寓話《ぐうわ》であるとともに、自然や周辺の動植物の変化を観察し書き留めて独特の解釈を加えた記録（例えば、イザナミ、イザナギの国生み神話）でもあり、科学の萌芽《ほうが》と言えなくもありません。人類社会の初期の進化には、このような科学・技術の初歩的な援用があったのです。

やがて地下資源を積極的に利用する産業革命が導かれたのですが、そこには物質運動の力学や熱機関の効率についての科学と、資源の有効利用に関わる技術の研究が不可欠でした。そして、実際に科学・技術の重要性がはっきりと認識され、自然の改造のために科学・技術の知識を意識的に適用するようになったのは19世紀半ばです。その頃には、科学・技術の有効性を認識した国家が前面に出て予算を措置し、大学や研究所を創って科学・技術の研究・教育を組織的・系統的に行うようになりました。国家が科学・技術の最大のスポンサーとなって、インフラを整え、人材を養成するようになったわけです。同時に、企業は新製品を作ろうと最先端の技術開発に力を入れるようになりました。このように、収益を確保するため国ぐるみ一体となって科学・技術の発展を目指して努力するようになっている、というのが現代と言えるでしょう。

学校では科学のことを「理科」と呼んでいるのですが、科学の基礎知識を学ぶ理科は、小中高においては必須の科目になっています。科学がもたらしてくれる恩恵を受け、さらに豊かに実らせるためには、誰もが科学の基礎知識を正しく持つ必要があると考えられてきたためです。科学は基礎的な知識の上に、さまざまな応用分野が幅広く展開していく学問ですから、しっかり基礎を学んでおく必要があります。直接役に立たないように見える基本的な知識であっても、おろそかにせず、身につけることが求められるのです。科学・技術文明の時代を生きるために、誰もが学校で理科を学ぶことが現代人の常識と言えるでしょう。

それと同時に、心に留めておかねばならないことは、科学・技術が原因となった事故や事件が多く起こるようになり、必ずしも科学・技術が善とばかり言えない状況が生じていることです。つまり、科学・技術は万全ではなく、すべて良いことばかりをもたらしてくれているわけではないのです。とはいえ、私たちは科学・技術と無縁の生活を送ることができませんから、私たちは科学・技術のマイナスの面も含めて、その中身をよく知っておく必要があります。科学・技術は絶対的に正しいとか、科学・技術はまったく信用できないとかの極端な立場ではなく、良い面と悪い面をしっかりと区分けする目を持ち、良い面を伸ばし、悪い面を抑えていくようにする、そんな態度が求められているのです。つまり、科学・技術は万能ではなく、限界があることを知ることも、科学・技術を学ぶ重要な目標と言えるでしょう。

現代の科学・技術の限界が見えた例として、2011年3月11日の東日本大震災が挙げられると思います。まず、大地震や大津波の発生を正確に予測できない科学の弱点が露《あら》わになりました。私たちは、科学がすべての自然現象を解明しているわけではないことを知ったのです。さらに、引き続いて起こった福島第一原子力発電所（原発）のメルトダウン事故は、現代技術の粋であるはずの原発が意外に脆《もろ》いものであることを見せつけました。現代の科学と技術が万全ではないことが明らかになったのです。多くの人々は、「原発は安全」との宣伝をすっかり信じ込んでいたのですが、それがまさに「神話」でしかなかったことを思い知らされることになりました。その結果、「私たちは安全神話に騙《だま》されていた」と言うのですが、それは事実だとしても、原発を推進してきた政府や電力会社や原子力の専門家を非難するだけでいいのでしょうか。

というのは、言論・出版の自由がある日本においては、原発が危険な施設であって脱原発の道を歩むべきだと主張する運動が存在し、多くの本が出版され、インターネットでも情報を得ることができました。勉強しようと思えば、いつでも原発の危険性を知ることができたはずです。ところが、多くの人たちはそれらの警告には耳を貸さず、原発の「安全神話」のみを信じ込んでいたのです。そして事故が起こった後になって、「原発がそんな危険なものとは知らなかった」と言っているわけです。果たしてそれでいいのでしょうか。原発について知ろうとしないまま、ただ騙されていたと言う自分も悪かったと反省する必要があるのではないでしょうか。

人々のこのようなあり方に、現代社会の大きな落とし穴があると言えそうです。私たちは科学・技術の恩恵に慣れ過ぎて、科学・技術が必然的に持っている負の側面を考えることがなくなっているということです。その結果、何ら疑うことなく一方的な宣伝に乗せられ、簡単に騙されてしまったわけです。二度と騙されないために、私たちは科学・技術の内実を知っておかねばならないと言えるのではないでしょうか。

といっても実際のところは、勉強すべきことがあまりに多くあり過ぎて、すべての科学・技術の詳しい内容まで知ることができないのが実情です。しかし、物事を見たときに、何が問題であり、どこを押さえておけばよいか、どう対応すべきか、について判断する観点を身につけることはできるでしょう。科学・技術の考え方・進め方には一般的な法則というものがあり、それを体得すれば応用が可能になるからです。そして、日頃からその観点でものを見ることを心がけていればいいわけです。本書で、そのためのヒントが得られればと思っています。

さて、科学・技術の産物だけでなく、世の中に存在するすべての物事には、プラスとマイナス、正と負、善と悪、長所と短所、恩恵と弊害という二面性があります。光があれば必ず影が生じるように、100%すべてプラスということはあり得ず、プラスには必ずマイナスの要素が付随しているのです。特に、科学・技術が世の中のあらゆる側面に入り込むようになっている現代社会においては、科学・技術に起因する負の側面の影響が大きくなり、場合によっては人の命に関わる事件になりかねません。それだけに、科学・技術が持つ二面性をよく理解し、プラス面は活かし、マイナス面は小さくするよう努める、そんな姿勢が科学・技術文明の時代に生きる私たちに求められていると言えるでしょう。

例えば、十分な副作用の検査を行わないまま新薬が市販され、病気が治ると信じて飲んだ人々が、かえって重篤な病気になるという事件がこれまで何度も起こりました。「薬害」です。そんな被害を受けたとき、単に運が悪かったといって泣き寝入りして済ませてしまっていいものでしょうか。やはり、薬品会社を訴えて検査の実態を明らかにし、償いをさせたいですね。会社を信用して薬を買って服用した自分には何の落ち度もないのですから。

その場合、薬の開発過程や毒性検査や副作用に関する実験などについて勉強し、裁判においては、会社側の落ち度を追及する必要があります。そのためには科学・技術に関する知識が不可欠で、実際には弁護士の助けを借りて、自分も学びながら実態に迫っていくということになります。「私は科学に弱いからとてもついていけない」と言っていると落ちこぼれてしまうでしょう。それでは悔しいですね。会社側の逃げ口上を見破って謝罪を勝ち取るためには、科学・技術に対する基本的な素養が必要なのです。

これは一例ですが、科学・技術が原因となる事件はいくらでも起こる可能性があるのですから、私たちは日頃から科学・技術に慣れ親しんで、「知らなかった」とか「騙された」と言わないよう、科学的な見方・考え方を鍛えておくことが大切です。また、自分に関係がないときでも、科学・技術に関わる事件や事故が起こった場合に、実際に何が間違っていたか、その原因がどこにあるか、誰に責任があるか、二度と起こさないためにはどうすべきか、などを考えるクセを身につけることが大切です。そうすることは、社会に起こるさまざまな事柄について、その原因と結果の結びつき（これを「因果関係」と言います）を科学的に考えるための訓練になるからです。私たちは、このようにして曇りのない目で社会に生起するさまざまな事柄を見、その因果関係を見通して正邪を判断する力を養っていくことができるのです。

なぜ、わざわざ科学的な考え方の重要性を強調するか、には理由があります。私たちは民主主義の時代に生きており、誰もが自由に意見を述べられ、それが尊重される建前になっていますが、必ずしもそのように社会が機能しなくなっている側面が見受けられるからです。私は「お任せ民主主義」と呼んでいるのですが、むずかしいことは上の人や専門家に任せ、自分はそれらの人たちが言うことに従っていれば間違いがない、という姿勢が現代人に多く見受けられるようになっているということです。自分で考え判断する姿勢が失われていると言えるのではないでしょうか。

しかし、それでは一人一人の意志や考え方や疑問点が自由に表明されることがなくなり、付和雷同する人間ばかりとなって、最後には独裁的な社会になりかねません。生き生きとした知的で豊かな社会になるためには、誰もがしっかり自分の意見を表明し、他の人の言うことも聞き、互いに議論することを通して理解し合い、よりよい方向を見いだしていくというふうにならねばなりません。それが人間を互いに大事にし合う真の民主主義社会なのです。そのような社会にするためには、誰もが独立した人格の持ち主として尊重し合い、科学的に考えてお互いの意見を率直に出し合う、そんな健全な人間関係を作っていくことが大切です。その意味でも、科学的なものの見方・考え方は欠かせないのです。

以下、まず第1章では、科学・技術の営みがどのようなものであるかを語ります。特に日本では「科学技術」と一言で呼んで科学と技術を区別しないことが多いのですが、元々科学と技術は本質的に異なる人間の営みであり、その違いについて述べておきたいと思います。一般に、科学は自然界の物質が従う普遍的な法則についての知識を意味し、技術は科学が発見した知識を足場にして人間の生活に役立てる人工物を創造する作業のことを意味します。だから、科学と技術は別々の、それぞれ重要な営みなのです。そのため、ここまでは科学・技術というふうに、二つを区別した書き方をしてきましたが、今後は科学に関わる事柄を語ることを主にし、技術がからむような場合のみに科学・技術と書くことにします。

続く第2章では、具体的な科学研究の例をいくつか挙げ、これまでどんな研究がなされ、どんなことがわかってきたかをまとめます。科学は、見えないところで何が起こっているかを明らかにする作業なのです。より詳しく言えば、科学は、理論の力によって推理したり、実験によって物質の振る舞いを明らかにしたりすることによって、未知の領域に隠れていた思いがけないつながりを発見する営みと言えるでしょう。この章で示した例を通じて、問題を解決してきた科学者の想像力の素晴らしさがわかると思います。

第3章では、科学的な考え方について語ります。これまで、「科学的」という言葉を何度も使ってきましたが、科学的ということは実際どういうことなのか、逆に科学的ではない考え方とはどのような場合か、を考えてみます。科学的とは、単に科学の知識を多く持っていることではなく、私情を交えず物事の実態を客観的に見て、何が起こっているかを正確に把握し、どのように推移していくかを論理的かつ合理的に推理することができる、という意味です。人々が互いに理解し合う上では、誰もが科学的であることが不可欠と言えるでしょう。

第4章では、科学の二面性についてまとめておきます。まず第一に、先に述べた科学のプラス面（利得・恩恵）とマイナス面（損失・災厄）のことを整理します。そのような単純に区別できる二面性以外にも、科学の目的として役に立つ科学と役に立たない科学とか、科学の使われ方として民生のための科学と軍事のための科学という二面性もあります。それぞれ、科学が何のためにあるのかを問いかけています。科学の多面的な面をしっかり把握し、間違った使われ方にならないよう、私たちは常に科学のあり様を監視している必要があることを述べたいと思います。

第5章では、単純な系（システム）に関わる科学と複雑な系の振る舞いを調べる科学、という二種類の科学が存在することを、さまざまな例を取り上げて示します。前者の系では原因と結果が一対一で結ばれており、問題に対して一般に明快な解答が得られる場合です。一方、「複雑系」と呼ばれる後者の系では、因果関係が100％の確かさで言えないとか、確率でしか計算できないということが通常です。高校までに学ぶ科学は前者の単純な系なのですが、私たちの身辺には後者の複雑な系として扱わねばならない対象が多くあります。このような科学の対象について知っておくことも必要ではないかと考えました。

第6章では、科学・技術を学ぶ君たちに心がけてほしいこと、また科学・技術を学んだ人間として守るべき倫理について述べたいと思っています。将来、科学者・技術者になる君たちもいるだろうし、科学・技術とは直接関係しない仕事に就く君たちもいるでしょう。いずれにしろ、科学・技術を学んだ専門家として尊敬されるためには、どのような存在であるべきかの倫理的な姿勢を述べておきたいのです。科学者・技術者としての責務を共有して、ともに市民社会を築いていく仲間となることを目指したいと思っています。さらに、なぜ科学を学ばねばならないかに立ち戻って考えてみます。先に述べたように、私たちが、科学・技術をより有効に使いこなすためには、また安全神話を信じ込まずに「騙された」とか「知らされなかった」と言わないためには、科学について学び続ける必要があります。どのような事柄についても、原因があり、それに対してどこに責任があるかを追及し続けるためには科学が不可欠なのです。そのことを再確認したいと思います。

第1章　科学するってどんなこと？

そもそも、科学って何？

日本では明治維新になるまで「科学」という学問分野はなく、それに近い分野として「窮理学」という名称が18世紀の終り頃（江戸時代後期）から使われていました。当時交易していた唯一の西洋の国であるオランダから持ち込まれた学問（「蘭学《らんがく》」と呼ばれました）のうち、医学・数学・兵学・地理学・天文学・化学など西洋で広がっていた自然科学全般が「窮理学」と呼ばれていたのです。物事の筋道である「理」を「窮める」という意味です。

明治時代に入って窮理学は、物事の根本的な本質を突き詰める分野として物理学や哲学を意味するようになったのですが、やがて廃れ、自然を対象として研究する分野には「科学」という名称が採用されるようになりました。

この「科学」という名称が使われるようになったのは、以下のような事情があります。研究が進んでいた西洋では、18世紀後半には研究分野として既に物理学・化学・生物学（動物学・植物学）・鉱物学というふうに、対象ごとに一つ一つの科に分かれていました。ちょうどその頃、そのように「さまざまに分科した学問」を日本は輸入したので、「科学」という言葉が使われたのです。学校で習う科目で言えば「理科」で、物質世界の根本的な仕組み（＝原理）を追究する科目という意味の「理科」はいい呼び名であると私は思っています。

理科は実に対象の幅が広くて、教科書にもあるように、①音や光や電気、物体の運動やエネルギー、原子構造などの物理学の分野、②物質の液体への溶け方や反応、周期表、イオンなどの化学の分野、③植物や動物、生き物の細胞や生殖、生命体の進化や遺伝などの生物学の分野、④地球、地震、火山、地層、天気、太陽系などの地学（地球・宇宙）の分野と、大きくわけて四つの分野があります。どれも、私たちの周辺の「自然」を構成する物質の成り立ち・運動・変化に関わる分野で、なぜそんな構造になっているのか、どのように運動し、どんな機構が働いているのか、どう変化し、変化には何が重要な役割を果たしているのか、などを明らかにするのが理科、つまり科学の役割です。

幅広くいろんなことを知っていなくてはならないみたいで大変そうに見えますが、基本的な事柄から少しずつ積み上げて学んでいきますから、覚えなければならないことはそんなに多くありません。また、自然界の成り立ちや仕組みはそう突飛ではなく、私たちが観察したり実験したりして確かめることができるので、理解しやすいと言えるでしょう。理科という科目では、特に自然の観察や実験が重要であるのはそのためです。

科学の研究とは、単純に言えば、自然界を構成するさまざまな物質が示す現象について、その理由（原因）や仕組みや実際に生じる変化を、理論や実験や観察によって明らかにすることです。そのとき、生じている現象や変化が、まず「なぜ」起こっているのかを考えることから始まります。通常、私たちは「そんなことは当たり前」だとしてそれ以上追究しませんが、そう決めつけないで「なぜだろう？」「不思議だな？」と考えてみるのです。そうすると、考えてみれば不思議なことばかり、ということに気がつくでしょう。

たとえば、桜は春になると咲き、それが当たり前と思っているけれど、なぜ桜は春という季節を知って花が咲くの？　桜より桃の方が早く咲くけれど、なぜなの？　梅はもっと早く咲くけれど、なぜ？　みんな同じ仕組みなの？　なぜ少しずつ花が咲く時期が違っているの？　桜や桃や梅などの木に咲く花だけでなく、スイセンやチューリップやフリージアなどの草の花も同じ仕組みなの？　そんなふうに考えていくと、不思議がどんどんつながり広がっていき、私たちは何も知らないってことに気がつきますね。

どのようにして花が咲く日を決めているかを考えてみましょう。まず第一に気温が考えられますね。春が近づくと暖かくなるから、これらの木や草は温度センサーを持っていて、気温が上がっていくと花が咲くと仮定すればいいわけです。しかし、春先の気温は上がったり下がったりしますから、ある温度以上になったらすぐに咲くというような単純なことではなさそうです。そうすると、一番寒い日から何日目という決め方であったり、暖かい日が何日間続いたかで決めている可能性もあります。さて、ほんとうにこれらの花は、そんな精巧な温度センサーを持っているのでしょうか。

むろん気温だけでなく、冬から春になっていくときは昼の時間の長さがだんだん長くなっていくし、逆に夜の時間がだんだん短くなっていきますから、日が照っている時間や夜の長さを測るセンサーがあるのかもしれません。あるいは、太陽が一番高くなる角度を測っている可能性もあるでしょう。

このように考えると、単純ではなさそうですね。これらの木々や草花が持っているセンサーにはどんなものがあって、どんな方法で温度やその変化、昼夜の長さや太陽の角度を測っていて、花を咲かせる日をどのような方法で決めているのか、というふうに調べる範囲を広げていかねばなりません。それも、一つ一つ違った花についてどうなっているのかを実験し明らかにしていくことになります。

つまり「科学する」ってことは、問題とする自然の現象を前にして、「なぜ、そうなるのだろう」と、その事柄の理由や仕組みを考え、実際にそれを証明することです。その方法の手順として、ある現象（春になって花が咲く）を見たとき、一番初めに

①何が、どのように働いているか

を考えることになります。これを「仮説」と言います。（温度とか、日照時間とか、太陽の角度とか）現象の原因を仮にそうだと考えてみるという意味です。研究は仮説の提案から始まるのです。仮説を提案するためには、見えないところで何が起こっているかを

想像しなければなりません。根拠がない荒唐無稽《こうとうむけい》な仮説や明らかに経験と矛盾する仮説、その場限りの仮説などは最初から排除されることは明らかです。

ここで大事なことは、その仮説により現象が起こるためには、仮説を担う何らかの物質がなければならないということです。願望とか念力とか怨念などというような精神的なものではなく、質量やエネルギーや電気量など物理量がきちんと測定できる物質（化学物質）が存在しており、それがその現象を引き起こしていると考えるのです。つまり、仮説を担う物質が、運動したり、変化したり、反応したりしていて、観測されている現象が生じているはずですから。続いて、

②仮説を担う物質からどのようなことが起こるかを想像し、実際にそのようなことが起こっているかどうかを実験や観察で確かめることになります。

そのために、どのような実験や観察を行うべきか、より明確に結果が現れるには、どんな実験が最適であるか、そしてどのような環境条件を選ぶのがよいか、を検討しなければなりません。普通採用する方法は、温度や湿度や圧力や磁場や電流や試薬の量など

環境条件を決める変数（これをパラメーターと言います）を変化させ、それに応じてどのような変化・反応をするかを観察する方法です。実際の研究の試行錯誤はこの段階で行われます。

環境条件を変えながらこれらの実験・観察を何度も行う中で、

③仮説が予言している通りの結果を示すかどうか

を判断します。明確に判断できない場合は、新たな実験・観察を考え、やり直さねばなりません。そうする過程で、仮説が予言する通りであることに確信が持てれば、それが法則であろうと予測して結論とします。

しかし、仮説の予測とはまったく異なった結果が得られた場合とか、仮説からの予言とは明らかに矛盾する結果となった場合には、その仮説を捨てねばなりません。そして、新たに修正した仮説に変更して同じように実験・観察を設定し直し、新たな仮説の予言通り巧くいくかどうかを判断します。これを繰り返し、修正した仮説の予言通りであると確かめるまで続けることになります。

このような筋道をたどって繰り返し行った実験・観察の結果を整理し、どの角度から見ても仮説が正しく成立していて、法則だと断定できると確認する、というのが最終段階です。事実を誤認している場合があり得るし、やり残した実験・観察がないかをチェックする必要もありますから、それまでに得られた結果を慎重に詳しく調べて結論を導くのです。つまり

①仮説を提案する、
②実験・観察を行って仮説を検証する、
③過不足なく検証できれば法則として採用する、

という一連の過程が「科学する」ということと言えるでしょう。このように言うと簡単に聞こえますが、いろんな検証条件をクリアしなければならず、注意深く進めることが求められます。

たとえば、仮説として受け入れるためには、反証できる仮説でなければならない、という条件を付けるべきだという意見があります。これを「反証可能性」と言うのですが、その主張が正しくない（間違っている）ことが証明できる仮説でなければならないというのです。たとえば、ＵＦＯを宇宙人の乗り物だとする仮説は反証できませんね。だか

らそれは、科学の仮説にはなり得ないのです。それと同じように、まったく架空の物質をでっち上げてそれが原因だと言ったり、夢判断のように多様な解釈が可能なのに、一つの解釈だけを正しいと決めつけたりするような仮説も反証できません。そもそも、これらの仮説に基づく理論は間違っていることを証明することが不可能で、言いっ放しになるだけですから科学の理論にはならないのです。

桜の花の咲く時期がどのように決まっているかの問題に立ち戻って考えてみましょう。まず①の段階で、植物が持つホルモン（化学物質）の分泌と関係がありそうだとの仮説が考えられました。葉や花のもとになる芽が形成される過程でホルモンが分泌され、環境条件（今の場合は、温度や日照時間やその変化のことです）とともにホルモンの働きが変わっていくと考えるのです。ホルモンの種類や働きは植物ごとに異なっているとしましょう。

えっ植物にホルモンがあるの？　と思うかもしれません。動物ホルモンはよく知られていて、甲状腺や脳下垂体などの特定の器官から分泌され、他の臓器に運ばれて、微量であってもその組織の活動に変化を与える化学物質と定義されていますね。実は植物にもホルモンと呼ぶ有機化合物があって、動物ホルモンと違うのは、茎・葉・根・種子などどこでも作られ、どこにでも作用するということです。ごく微量であっても成長や熟成などさまざまな植物の生理作用に影響する化学物質として、ジベレリン、サイトカイニン、アブシジン酸、エチレンなどがよく知られています。実際に、これらのホルモンが桜の開花とどう関係するのかを実験・観察によって証明するのが②の段階になります。

これまでの実験でわかってきたことは、桜の花の芽は夏に作られ、秋から冬を越す間は成長が停止したまま休眠しています。この休眠を引き起こすのがアブシジン酸で、成長を抑えるよう働くことがわかりました。冬の低温が続いている間にアブシジン酸はゆっくり減少し、逆に成長を促すジベレリンの量が増えていくので、春が近づくと休眠状態が解除されるようになります。そうなると花の芽は成長し始めるのですが、発芽してしばらくは花を咲かせるのを妨げる遺伝子が働いています。すぐに開花してもまだ寒ければ萎《しお》れてしまいますから、ある時間、ゆっくり低い温度を経験させているのです。環境が整うにつれ遺伝子の働きが弱まり、やがて花を咲かせるということになります。この間のホルモンや遺伝子の働きと開花との関係を詳しく追跡するのが②の段階の重要な仕事です。

このような研究が積み重ねられていますが、まだ解明されていないことがいくつもあり、③の桜の開花の法則が完全に確立するまでには至っていません。桃と梅の開花時期の差は遺伝子の働きと思われていますが、それぞれどれくらい低温の時期を過ごしたら遺伝子が働かなくなって開花するのか、そのタイミングを決めているのは何か、など詳しくわかっていないためです。八十年以上昔に、花を咲かせるのにフロリゲンというホルモン物質が提案されていましたが、それが今世紀になってやっと発見され、遺伝物質であることがわかってきたという段階でまだ研究中なのです。

そのこととは別に、最近では、植物のホルモン作用を巧く調節して早く花を咲かせるとか、多くの美味《おい》しいサクランボをつけさせるとかの研究もされています。これらは商売（お金儲《もう》け）と結びついており、そのような目的で「研究する」ということも行われるようになっているわけです。その過程で新しい法則が発見されることもあるので、「科学する」営みにはいろんな道筋があり、限りないチャレンジと言えるでしょう。

春になって桜や梅の花が咲くということはごく当たり前のことなのに、実際に「なぜ？」と考え調べ始めると、いくつも難問が控えていて、簡単に答えが得られるわけではないことがわかると思います。逆に言えば、簡単に答えが得られないからこそ、かえって「科学する」ことの楽しさや挑戦する気持ちが強くなるのです。

もう一つ大事なことは、研究によって得られ、確立したとされる法則であっても、最終的な「真実」ではなく、変更され乗り越えられていくものであるということです。先に述べた花を咲かせるホルモンであるフロリゲンは、一九三六年に提案されてから七十年という長い間見つからないため、フロリゲンは無いとした開花の理論が提案されてきたのですが、二〇〇七年に発見され理論を変更しなければならなくなりました。そうしてフロリゲンという新しく発見された化学物質の性質や花ごとの特性など、調べるべきことがたくさん出てきたのです。私たちは、すべてを知り尽くしているわけではなく、常に部分的な知識の下で研究しているということを忘れてはなりません。

また、例えば、私たちがよく知っているニュートンの万有引力の法則も、非常に重力が強い場所では、重力を及ぼし合う物体間の距離の二乗に反比例するという法則がそのまま成立していないことがわかっています。私たちはすべての条件下で実験しているわけではなく、超微小な世界、超高速の運動、重力が非常に強い場所、極端に物体が重い場合、極低温の状態など、日常生活とは異なった極限的な条件の下で調べると、法則の現れ方は異なっている場合があることがわかってきました。だから、現在知っている知識であっても万全ではなく、変更される可能性があります。研究者は、そのような現在の理論の限界に挑戦して、新たな「真実」を発見しようと研究しているのです。ここにも「科学する」ことにチャレンジする研究の楽しみがあると言えるでしょう。

理科を勉強して役に立つの？

理科で地球や宇宙の歴史を習っても何の役にも立たないし、原子や分子のことを教わっても生活とは直接関係しないから勉強する必要がない、と言う人がいます。数学で対数を覚えても使い道がないとか、円周率は３・１と知っているだけでいい、というのと同じ意見です。すぐに使わないから、詳しく知っていても役に立たないというわけです。また、理科の知識は習ってもすぐに忘れてしまうし、忘れても別に問題がないのだから、習う意味がないという意見があります。「いざ」っていうときに習えばいいのだから、その方がムダがなくて合理的だという人もいます。

しかし、すぐに忘れても、頭のどこかで覚えていて、「いざ」ってときに思い出すということがよくあります。あるいは、必要になったときにやっと大事であることがわかり、もっと勉強しておけばよかったと悔やむこともあるでしょう。勉強というのは、さまざまな科目を習うことで頭の中を活性化し、いろんな知識を吸収するなかで自然や社会の仕組みをおのずと理解していく過程と言えます。それによって、健康的で豊かな生き方ができ、理知的な力（真偽・善悪を見抜き、知的に物事を認識する能力）を養う準備をしているのです。

これからの長い人生ですから、どんなことにぶつかるかわかりません。そのときに慌てないよう、自信を持って対処できる強さを育てるために勉強している、と言えるかもしれません。スポーツで、実力を蓄える練習の段階と蓄えた力を発揮する実戦の段階がありますね。人生という実戦段階を生きていくためには、練習を積み上げる段階が必要で、それが学校で学ぶ時代なのです。だから、むしろすぐに役に立たなくてもいいのです。だって、すぐに役に立つことは、すぐに役に立たなくなる、ということなのですから。

「いざ」ってときになってから習えばいいと思うかもしれません。しかし、その「いざ」ってときにどんな本を読んだらいいのか、インターネット情報のどれが正しいのか、誰に相談したら信用できるのか、というようなことを正しく判断できるでしょうか？勉強というのは、「いざ」というときに何を読めばよいか、どんな対策をすればよいか、を予《あらかじ》め学んでおくことでもあるのです。何も学んでいなければ、肝心なときになって、「いざ」勉強しようとしても間に合わないでしょう。勉強する仕方を知らないからです。学校で勉強するということは、何を参考にして調べたらいいか、どう考えていったらいいか、そんな「勉強の仕方を勉強する」という意味もあるのです。このことはすべての科目に共通していますが、理科は特に範囲が広いので、学校で「学び方を学ぶ」のは重要なのです。それがないまま一人で机に向かって勉強しようとしても、何を勉強すればいいのかわからないでしょう。

それだけでなく、たとえ一生に一度も使うことがなくても、知っておいた方がいいってことはたくさんあります。人生の先輩である先人たちが苦労して見つけ出し、作り上げてきた成果を学べば、人間の想像力と創造力の素晴らしさを味わい、自分もちょっぴり豊かになったような気になると思います。私たちの知的世界が広がるからです。また、むずかしい漢字を学ぶのも、いつか役に立つためだけでなく、漢字が発明されて以来、さまざまに工夫されて多様に発展してきたことを学び、人間の探究心や努力が次々と受け継がれて現在があるということを実感する目的もあります。学ぶということは、自分もそのような人間の歴史的な知的活動に連なっていくという意味があるのです。

さらに勉強というのは、それぞれの科目が対象とする問題について、いろんな原因があり、それらが引き起こす事柄がさまざまに繋《つな》がり合い、最終的にある一つの形を取って現象している、ということを学ぶ過程と言えるでしょう。そのため、教科書には、生じた事象には必ず原因があり、さまざまな事柄と関連し合い、そして必然的にある結果に結びついているという繋がりが記述されており、全体像がすんなり頭に入ってくるように工夫されています。

また、漢字の読み書きや九九や計算法などの基礎的な実力を養う一方、文学や歴史や芸術や社会や理科の科目において、具体的な作品、歴史的・社会的事象、過去の人々の努力の蓄積などに接して応用的な能力を身につけていくことも、学習の重要な要素です。スポーツにおいて、基礎的な訓練を反復しつつ、実戦的な形式で練習試合が用意されているのと似ていますね。誰でも、学んだことを実際に応用してみたいと思うものですから。

理科では、簡単な現象から始まり、やがて入り組んだ比較的難しい現象に関する過去の研究の歩みを追いかけ、そこで発見され、法則化されてきたことを順序立てて学んでいきます。私たち自身の自然に関する認識が、やさしいことが基礎になって難しいことが発見されてきたという科学（理科）の歴史に対応しているためです。このように科学（理科）の知識は積み上げられて成立しているのが特徴です。やさしいからといって飛ばすと後がわからなくなりますから用心しなければなりません。実際の物質や現象を前にして、観察し実験することも多くあり、それが何を明らかにするためであるかをしっかり押さえておけば、勉強するうちに案外簡単だってことがわかってくるものです。

ところが、数式や法則など、覚えなければならないことが多いという理由で理科嫌いが増えているようです。私は、それは理科教育に問題があるのではないかと思っています。実際、子どもたちの多くは、小さい頃は科学館やプラネタリウム、動物園や植物園がとても好きで、科学フェスティバルなどで行われる科学パフォーマンスを楽しみにしていたと言います。実際の道具や動物や模型に触れ、遊んだり観察したり説明を聞いたりできるからです。

しかし、学年が進むにつれて理科の実験がほとんどなくなり、生物では暗記する事柄が多く、化学では多くの化学式を覚えなければならないし、物理では数式を使って計算することばっかりになって、実際の自然界の物質を相手にしているという気がしなくなってしまいます。受験を前提にするようになって知識偏重になり、何のための理科の勉強なのかがわからなくなっているのだと思われます。理科は広く自然全体に関わる現象を問題にする科目なのに、机の上だけの知識になってしまっているのです。理科の知識が世の中にどう生かされているかをよく知ればもっと興味が湧いてくるはずで、理科教育に一工夫が必要であるのは確かなようです。

中学校までの理科には、最低限これだけのことを知っておけば、将来勉強をするために役に立つだろうと思われることが教材になっています。一生のうちに必ず一回は、実生活のなかでその問題にぶつかったり、話題になったりする課題が選ばれているからです。だから実験や観察をして実体験しておくことが特に重要です。

高校になると、微視的世界や超巨大な世界など、日常のスケールから遠く離れた世界へと対象が広がり、目に見えないところで何が起こっているかについて想像力を駆使しながら学んでいくことになります。そのため模型やCGの助けを借りて、想像と実際の知識を比較するという作業が欠かせません。想像なしで知識のみに偏ったり、逆に知識なしで想像のみにふけったり（空想と言うべきですね）するのでは、真に理解したことになりません。そして大事なことは、科学の対象が日常に目にする物質や現象から遠ざかっていっても、そこに共通している疑問は「なぜそうなっているのだろう」、そして「不思議だな」と思う心です。そのような探究心を常に持ち続けて欲しいと思っています。

「科学」を学ぶと……

学校の科目では「理科」と呼んでいますが、通常私たちが当面する自然現象に関わる問題を「科学」と呼ぶのは、それが社会的な事象や人間の生き方、つまり学校の科目で言えば社会や歴史や国語など他の科目にも関連しているためでしょう。理科が対象とするのは自然物そのものですが、「科学」はそれだけに留まることがなく、「科学的判断」とか「科学的予測」と言われるように、生じている自然現象に対する考え方（判断、予測）や社会との関係までをも問うことになるからです。「理科的判断」とか「理科的予測」と言うのと、ニュアンスが大きく異なることがわかると思います。また、直面する問題の解決のために科学の立場からどう考えるかは人間の生き方への重要なヒントになるように、科学は自然と人間が関係して繰り広げられる現象を全分野から論じるという意味があります。

つまり、科学を学ぶとさまざまな問題に応用でき、科学の力によって物事の仕組みや歴史的繋がり、そして思いがけない社会的関係までも発見することができると考えられるのです。科学は、見えない部分で何が起こっているかを想像し、あたかもそれが実際に目の前で起こっているかのように見抜く学問なのです。そのような科学の営みを積み重ねていくと、世の中のさまざまな事柄に対しても幅広い見方ができるようになるのではないでしょうか。いろんなことを学び考え想像するのが科学の真髄なのですから、直接自分で経験したことがなくても、科学の力によって頭の中で追体験できるようになるでしょう。それによって、難問に対して新しいヒントが得られるかもしれません。違った観点からものを見ると、違った姿に見えることは確かで、それによってこれまで考えたことがなかったような新鮮なイメージが思い浮かんだりするでしょう。科学は、そんな可能性を秘めているのです。

実際、思いがけない結びつきが発見できると知ることが楽しくなり、「そんなことが本当にあるの?」と、自分が見つけた意外な発見に、自分自身が感動するに違いありません。それに留まらず、人に話したい、一緒に感動したいという気にもなり、何事にも自信を持って人と対応できるようになります。豊かで、やさしく人と接し合えるようになるということです。そのような人間の集団では、人それぞれが異なった発見をしているだろうし、それを互いに尊重するという気にもなるのではないでしょうか。つまり、科学を学び、科学の考え方を応用するということを通して、「知ることが生きる力に変えられる」ということに繋がるのです。

昔、フランシス・ベーコンという人が「知は力なり」と言ったそうです。元々は、経験によって得られた知識を活かして自然に対すれば、自然を支配する力を得ることができるという意味の言葉のようです。私は、自然を支配するという考え方は好きではないので、この言葉を、さまざまな科学的な経験を積み重ねれば、自然のみならず社会や人間の世界の真実まで認識する力を獲得することができる、という意味に受け取っています。

そして、「知」という言葉には科学的知識も含まれるけれど、英知や理知や機知など物事の道理や知恵一般のことを意味する英語の「インテリジェンス」という言葉がもっとも近い感じがします。インテリジェンスは、理解力、思考力、知性、理性、知識などを総称した、知的な世界をつかみ取る力のことを意味します。そのような知を弁《わきま》えている人間こそ、本当の生きる力を備えていると言ってもいいのではないかと思います。「科学する」ということは、私たちが自然のうちにできる知的作業であるとともに、「知は力」を証明するために人が意識的に行う営みの一つでもあると言えるのではないでしょうか。だから、いろんな社会的・人間的事柄に対しても、

①なぜその事柄が起こったかの仮説を持ち、
②それが事実であるか事実ではないかをさまざまな証拠によって弁別し、
③その事柄の背景にある、まぎれもない一つの確かな「真実」を発見する、
というふうに言い換えることができるでしょう。つまり、科学の精神は何に対しても適用できることになります。「科学する」ということを幅広くさまざまな問題に応用して、私たちの生き方に反映させるということが大事なのではないでしょうか。

第2章　科学でどんなことがわかってきたの？

科学における理論とは何？

科学は、自然界で観測されている現象を前にして、そこにどのような物質があり、どのような運動や反応があったかを調べることからはじまります。その過程で何が起こったか、観測結果をどのように合理的に説明するか、など見えないところで起こっている事柄を想像することが不可欠です。そして、実際にどのような仕組みが働き、どのような連なりの結果として観測された現象が正しく再現されるか、を明らかにしていきます。原因についての仮説と観測事実という結果を結び付ける関係（これを因果関係と言います）を、神とか偶然とかに頼らず、必然的に生じている物理過程の連鎖として捉えることが目的です。

その際、一般的には最も単純で明快な説明を最善だとします。これを「オッカムの剃《かみ》刀《そり》」と言うのですが、余分なもの、不必要なもの、複雑にさせているものなどは切り落とし（だからカミソリです）、前提や仮定が少ない理論ほどよいとする考え方です。理論として簡明ですっきりしていれば、感覚的に美しさを感じ、好ましいというわけです。むろん、好ましいだけであって、それが正しいということが保証されているわけではありません。しかし、科学にもある種の美意識が働いていることを物語っています。科学はまったく美的感覚とは縁がないわけではないのです。

こんな話があります。ある著名な研究者が自分としては正しいと自信を持つ理論をアインシュタインに語ったとき、それを聞いたアインシュタインは、しばらく沈黙した後、たった一言「なんと汚い」とだけ述べたそうです。科学者は、複雑な理論よりは、単純ですっきりした理論を好み、そちらの方に軍配を上げる傾向があるのです。歴史的に見ても、オッカムの剃刀が当て嵌《は》まってきたことは確かですが、それがいつも正しいと言っているわけではありません。よい理論であるための情況証拠のようなものでしょうか。

これに対して、よい理論であることの必須条件は、その理論から未知の現象や思いがけない新たな関係が予言できること、つまり「予言力を持つ」ということです。単に、問題にしている現象の因果関係を合理的に説明するだけではなく、その理論から予期していなかった新たな現象が予言でき、それが実際に確かめられると、その理論が正しいという決定的な論拠になります。単に因果関係を説明するだけなら、辻褄《つじつま》合わせをしているだけの場合があり、そのような理論には予言力はありません。ましてや、科学者の個人的願望から小手先の操作をしているだけなら、それは科学的な研究とは言えず排除されるでしょう。科学の説明に主観が入ってはならないのです。つまり、科学とは、物質間の作用を厳密な論理によって展開し、必然的にもたらされる帰結として現象の因果関係を説明するだけでなく、さらに予言力を持つ理論でなければならないというわけです。

以下では、これまで進められてきた科学研究についていくつか具体例を示し、何を、どのようにして明らかにし、何がわかり、どんな新現象が予言できたかを見ることにしましょう。

宇宙の進化が私たちを創る基になった
(例1)「私たちは星の子ども」

私たちは地球上に生きる生命体の一つですが、私たちがこうして存在するのは神の恵みなのでしょうか、それとも宇宙の進化による必然の結果なのでしょうか。そんなこと誰にもわかりっこないと思うかもしれませんが、そうではありません。以下のように、宇宙で何が起こっているかを調べると、地球上の生命は宇宙の営みの中で必然的に生み出されてきたことがわかるのです。

この宇宙には、恒星が数千億個集まった集団が点々と分布しており、これを「銀河」と言います。私たちが住む太陽系も、星が約3000億個も集まった銀河に属しており、これを特別に「銀河系」と呼んでいます。銀河系は、その中心部に対して星が回転運動しているため円盤のような形になっています。それを内部にいる地球から眺めると、恒星が多く集まっている円盤の領域が夜空をよぎる川のように見えるので「天の川」と呼んでいます。そのため、銀河系のことを「天の川銀河」と呼ぶこともあります。川のように見えるのは、そこにだけ太陽のような恒星が多数群れているためです。それらの恒星一個一個の周辺部を詳しく観測することにより、多くの恒星には惑星が伴っていることがわかってきました。太陽の周りに8個の惑星が回っている太陽系のようなシステムが、銀河系内部にはたくさんあるのです。

この銀河系では、どんな物理過程が起こっているのでしょうか？　銀河系は恒星の集団ですが、それとともに星と星の間の空間には「星間ガス」と呼ばれる気体のガスが漂っており、その密度の高い部分から星が誕生しています。他方、恒星は、人間の寿命の100年に比べれば無限と言えるくらい長い時間なのですが、有限の寿命で一生を終えて死を迎えています。銀河系は星が誕生するとともに、星が死を迎える現場でもあるのです。

太陽の寿命は約100億年でずいぶん長いのですが、太陽の10倍の重さの星なら約1億年であり、30倍も重い星なら1000万年くらいの比較的短い寿命です。重い星ほどより明るく輝いているのでエネルギーをより多く使い、寿命がより短くなるのです。

これらの重い星が死を迎えるときは大爆発を起こし（これを超新星爆発といいます）、中心に星の芯を残して、それ以外の部分は吹き飛ばされてバラバラになって周辺に放出され、星間ガスと混ぜ合わされていきます。ですから、銀河系内部では、星間ガスから星が生まれるとともに、星が死を迎えて大爆発を起こしバラバラになって、星間ガスに

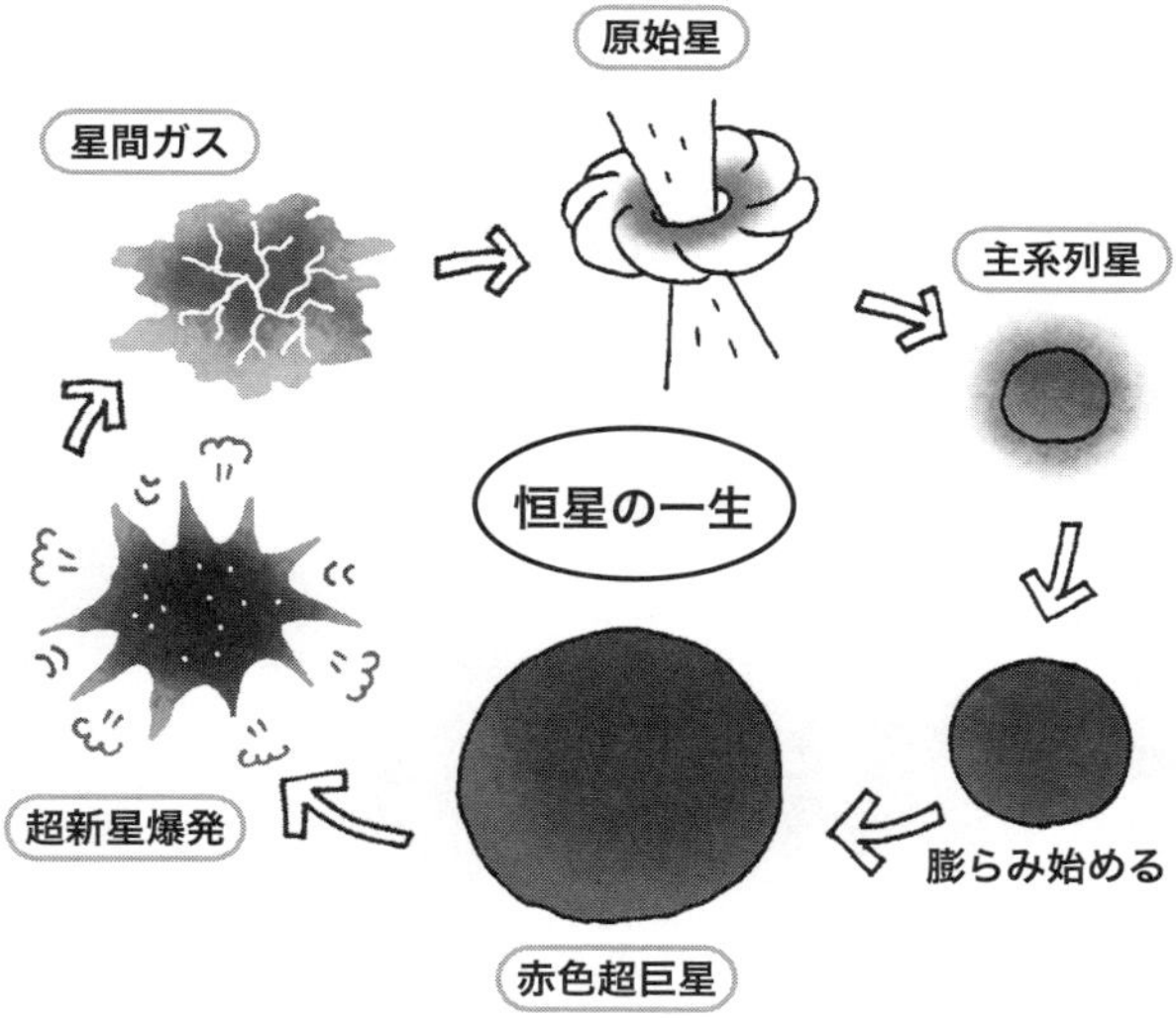

天の川内部では星の誕生と星の死とが並行して起こっている

混じっていくという過程も同時に起こっているのです。つまり、星間ガス⇓星（星の誕生）と、星⇓星間ガス（星の爆発）の二つの過程が並行して繰り返し続いていますから、物質は星間ガスと星の間を行ったり来たりしていることになります。このような物理過程を、物質が「循環」していると言います。

宇宙の年齢は138億年であることがわかっており、銀河系は誕生して130億年以上の年齢を経ていると考えられています。一方、星の平均的な重さを太陽の10倍くらいとすると、その星の寿命の1億年程度で星⇓星間ガスに戻ります。星間ガスから星が誕生するまでの時間も1億年程度と仮定すると、星間ガス⇓星の過程も1億年程度です。すると、ほぼ2億年で星⇓星間ガス⇓星と変化しますから、これまでの銀河系の年齢の間に大ざっぱにいえば65回（＝130億年÷2億年）も星間ガスと星の間の循環が起こったことになります。この長い間の変化の過程を「銀河系の進化」、あるいはどの銀河でも同じような循環が起こっていますから、もっと一般的に「宇宙の進化」と呼んでいます。

この進化の過程で、星間ガスには大爆発によって星から放出されたガスの割合がだんだん増えていくでしょう。一方、星の内部では原子核反応が起こっており、水素やヘリウムのような軽い核から、炭素や窒素や酸素、銅や鉄やアルミニウム、鉛やウランなどの重い元素が形成されています。そして、死を迎える星の爆発で放出されたガスにはこれらの重い元素が多く含まれており、星間ガス中に付け加えられていくことになります。だから、銀河系に含まれる星間ガス中の重元素は、時間とともに増えてきたと考えられます。後で述べるように、このことは銀河系の進化理論の重要な予言となっています。

地球が生まれたのは約46億年前とされていますから、銀河系が誕生してから約84億年（=130億年－46億年）の間、星間ガスと星の間の循環が続いて星間ガス中の重い元素が増加し、その後太陽と惑星たちが生まれたということになります。

地球は岩石惑星と呼ばれているように岩石=重い元素の塊です。これらの重い元素は、元をたどれば星の中で作られ、星が死ぬ際の爆発で放出されて星間ガスに混じってきて、最後に地球や惑星になったのですから、元々は星の一部であったわけです。「地球は星の子ども」であるのです。そして、私たちの体のタンパク質を作っている炭素や窒素や酸素、骨を作っているカルシウム、血液に含まれる鉄、DNAを構成するリンなど、重い元素のすべては星で形成されたのですから、「私たちは星の子ども」と言っていいのではないでしょうか。銀河系内の長い時間をかけた物質の進化と循環過程を考えることにより、地球上の生命を形作る元素がどのように準備され私たちにもたらされたかが明らかになったのです。

この「私たちは星の子ども」の理論が語れるようになったのには、①星内部での原子核反応を明らかにし、②星が誕生から寿命を終えるまでどのように進化したかを追跡し、③多数の星が存在する銀河系の星間ガス中の重い元素量がどのように変化してきたかを計算する、というような研究の積み重ねがあったということが想像できると思います。

そして、今から46億年前に、星間ガスから太陽と地球を含む太陽系の8個の惑星と月や小惑星などが、ほぼ同時に生まれたわけです。その過程は非常にダイナミックで、最初は富士山くらいの重さの岩石を含むガスの塊に分裂し、それらがすごいスピードでぶつかり合って大きな塊へと成長するなかで、灼熱《しゃくねつ》の原始的な地球が生まれたと考えられています。その結果、岩石に含まれていた水分が高温の水蒸気となって放出されて地球を取り巻き、やがて冷えて水蒸気が液体の雨となって降り続き巨大な海ができました。そして、海に溶け込んでいたさまざまな化学物質（元素）の反応が起こって原初的な生命が生まれた、という地球の歴史と結びついた生命の起源の問題に発展し、今盛んに研究されています。ここではそれ以上述べませんが、銀河系の誕生・星の進化・惑星系の形成・地球など惑星の進化・生命の起源というふうに、さまざまな分野が互いに関連し合っていることがわかると思います。

では、この「私たちは星の子ども」の理論によって、どのようなことが予言され、実証されてきたのでしょうか。その一番の例は、銀河系の星間ガスに含まれる重元素が時間とともに増加してきたという予言です。過去の銀河系の星間ガス中の重元素量は、その時点に生まれて今なお輝いている星に含まれる重元素量と同じです。従って、星を年齢順に並べていくと、含まれている重元素量は古い星には少ししかなく、若くなるにつれ（後で生まれた星ほど）増えてくると予想されます。実際にこのことが年齢の異なる多数の星の重元素量の観測から証明されました。

また、ここで考えてきた一連の過程は、すべて現実に起こる物理過程を組み合わせたものですから私たちが住む太陽系だけでなく、銀河系内のあらゆる恒星について言えることです。とすると、太陽と同じように他の恒星の周りにも惑星があり、太陽系惑星と同じようにその惑星には生命が誕生しており、地球と同じように人間にまで進化しているることもあり得る、ということが予想できますね。この理論は、宇宙に生命がありふれているということを予言しているのです。

むろん、太陽系には地球と同じ岩石惑星の水星や金星や火星があるのですが、そこには生命体は発見されていません。また、木星や土星は水素やヘリウムから成る巨大なガス惑星ですから、生命は期待できそうにありません。このように、生まれた惑星の重さや中心にある恒星からの距離などの条件次第で、生命体が誕生していない場合も多いでしょう。それらの条件も考慮して、生命が多くの恒星の周辺の惑星で生まれそうだとの予言の下で、現在、地球のような生命を宿す条件である水を持つ惑星――これを「ハビタブルゾーン（生命が住める領域）」と言います――探しが精力的に進められています。さらにこれに留まらず、直接生命を探索する研究が行われるようになっています。これを「宇宙生物学」と呼んでいますが、太陽系のような惑星系が3000個以上も存在することが確かめられており、そのうちに生命体が存在する惑星も見つかることでしょう。

万物は原子を通じて絶えず移り変わっている

（例2）原子のつながり

私たちの体は、およそ60兆個の細胞から成り立っており、一つの細胞はおよそ100兆個の原子で形成されていますから、一人の人間は全部で6の後ろに0が28個もつく巨大な数の原子から成り立っています。その原子は、生まれたときからずっと変わらずに同じ原子のままではなく、内臓や器官ごとにそれぞれ継続時間は異なっているものの、ある一定の期間が経つと入れ替っています。人間の体は新陳代謝をしているのです。この新陳代謝は、爪や髪の毛が伸びては切っているし、体を洗えば垢《あか》が洗い落とされることで、私たちも日頃実感していると思います。同じように、胃や腸の細胞も血液も全体の量は変わりませんが、それらを構成する原子は入れ替っているのです。

かつては、脳や心臓の原子は不変だと思われていましたが、やはり時間とともに新しい原子へと入れ替っていることが確かめられました。原子そのものは古びたりしないのですが、細胞として多数の原子が協調して長時間働くためには、時々部品である原子を入れ替える必要があるのでしょう。細胞の原子を入れ替えても、細胞そのものは同じ働きを続けているのです。たとえば脳細胞には記憶という重要な働きがありますが、原子が入れ替わっても記憶は変化なく継続されています。記憶は原子一個一個に記されているのではなく、原子の集合体としての形態や集団的運動状態などによって記憶されているようで、実に素晴らしい仕組みとなっていると思わざるを得ません。

細胞の原子が入れ替わるきっかけは何だと思いますか？　それは「アポトーシス」と呼ばれる現象です。細胞を構成している原子がある一定の時間が経つと、「交代」という指令が遺伝子から発せられるのです。つまり、遺伝子には各原子が働く期間の寿命が書き込まれており、それに応じて「細胞死」の指令が出されると原子は働きを止め、死を迎えて体外に排出されるというわけです。むろん、同時に血液から新しく原子が取り込まれ、原子のバトンタッチによって同じ細胞に組み立てられ働きが継続されるのです。このような仕組みとなっているため、アポトーシスは「プログラムされた細胞死」と定義されています。

傷を負って細胞が死ぬのは「ネクローシス（壊死《えし》）」で古くから知られていましたが、新しい細胞死の形態として1972年になって気づかれたのがアポトーシスでした。語源はギリシャ語で「(枯れ葉などが木から) 落ちる」という意味があります。まさしく秋になって木の葉が枯れて落ちるのもアポトーシスのためです。日光が弱くなると木の葉で行われる光合成の量が減り、呼吸や水の蒸発などのために使うエネルギーの方が多くなってしまうので、むしろ葉を落とす方が木にとってはエネルギーの節約になりますね。

つまり、アポトーシスは生物が生き残るための仕組みであり、細胞「死」があるからこそ個体の「生」があると言えるでしょう。反対にガン細胞は遺伝子から交代するよう指令が出ても拒否して生き続ける特異な細胞で、その結果として個体が死んでしまうわけで、「死」の拒否は「生」を殺すのです。

すべての生命体はアポトーシスで原子が入れ替わり、細胞死した原子はバラバラになって体外に排出されますから、広く水中や空気中に広がっていきます。また、植物が死ぬと枯れ、野生動物が死ぬと蛆《うじ》によって掃除され、蛆はそのまま寿命を終えるとバラバラに分解されます。人間は死を迎えて焼かれると、体を構成していた原子は気体（ガス）となって空間に飛び散っていくでしょう。

つまり、死を迎えた生物体の細胞は最終的に原子や分子にまで分解され、広く水中や空中に漂い、それらはやがて雨に打たれて川から海に流れ込むことになります。海の水は太陽の熱で蒸発し、それと一緒に原子や分子も気体となって空中に広がり、やがて雨に打たれて海に戻り、また蒸発して気体になり、というような循環を繰り返すうちに、満遍なく海水中にかき混ぜられるでしょう。むろん、一部は植物に吸収されて葉や実になり、それらが動物に食べられて動物の体になり、その後のアポトーシスで原子や分子となって再び空中に放出されることもあります。

私たちの体を作っていた原子が体外に放出されると、空中と水中を循環するというような放浪の旅をした後、誰かの体に入って内臓になったり、脳細胞になったりするでしょう。そしてまた排泄《はいせつ》され、空中を漂って水に溶け、また誰かの体に入って内臓になり……というふうに、原子はさまざまに形を変えながら人間（のみならず、新陳代謝をする生物体）を遍歴している可能性があります。

生きとし生けるものすべては、このような原子の連鎖によって繋《つな》がっていると言ってよさそうです。そんなことは滅多《めった》にない、と思うかもしれないので、簡単に計算しておきましょう。

私たちの体を構成する原子の数は、６の後ろに０が28個もくっついた数であると言いました。私の母は死んで50年になりますが、死体は焼かれ母の体を作っていた原子が空気中に散らばり、雨に打たれて海に流れ込み、その後の循環過程の結果海の中で満遍なくかき混ぜられたとしましょう。そうして、海の水を２００ccの大きさのコップ一杯を汲《く》みだしたとき、母の体にあった原子は何個含まれているかという問題です。海は広大だから、ほとんどゼロだと思うでしょう。しかし、驚くなかれ８６０万個も母であった原子が入っているのです（注＊）。こうして計算してみると、私たちを作っていた原子が多数個、次々と人々に受け継がれていると言っても過言ではないのです。

　コップ一杯の水には母の体の原子だけでなく、その前に亡くなった父の、その後に亡くなった兄の、さらに伯父さんや叔母さんや私たちの先祖すべての人を作っていた原子も含まれているでしょう。ホモサピエンスがほぼ20万年前に現れてから現在まで、およそ７０００世代の人類が登場してきました（かつての寿命は短かったので1世代を30年とし、20万年を30年で割ったおよその数の７０００を大体の世代数と考えてよいと思います）。その間の人類すべての原子も入っていることでしょう。原子には印がついているわけではありませんから、どの原子を、誰から受け継いできたと言えないのですが、私たちは連綿と続く原子の連鎖の中に生きているのです。

人類を原子のレベルで見ればすべて共通の原子の働きで生きています。だから、私たちが原子の連鎖の中で生きていることから予言できることは、みんな対等であり、「人類はみな兄弟」と言っても差し支えないということです。肌の色や頭髪や背の高さや頭の形など、人類の生物学的な特徴で「人種」分けをすることがありますが、それは意味がないということがわかっています。人類の見かけの姿の差は、先祖が生まれ育った地域の風土を反映しているだけで、人体そのものの原子による基本構造の骨格は変わらないのです。だから、人種という概念は存在せず、人類は本質的に一種類なのです。そのことはDNA解析からもわかっていることで、人類には優劣はないという当たり前の、しかしとても重要な事実を原子の連関が予言していると言えるでしょう。

（注＊）海の平均の水深は4000m、地球の半径を6000㎞として表面積の4分の3を海が占めているとすると、海の体積Vは1・4の後ろに0が24個ついたcc（立方㎝）です。海の水に母の体を作っていた原子の数N（6の後ろに0が28個ついた数）が満遍なくかき混ぜられるとN／Vに希釈され（薄められ）ますね。この希釈された原子の数にコップの体積のｖ＝２００ccをかけたｖ（N／V）がコップの中に入る母の体の原子の数で、およそ８６０万個になるのです。

人間の結びつき

（例３）６次のつながり

先ほどの「つながり」は、原子という物質が人々にどう受け渡され、つながっているか、の話でした。今度の「つながり」は、人間関係のつながりです。よく、「世間は狭い」とか、「奇遇だな」というふうに、不思議な巡り合わせで赤の他人と意外なことで結びついていたり、偶然に知り合っただけなのに思いがけない関係があることがわかったりして、びっくりすることがあります。滅多に起こらないと思っていることが、思いの外ひんぱんに起こるので不思議な感じを持ち、神が自分を選んで導いてくださっているとか、ご先祖の霊が特別のご加護で巡り合わせてくださる、というような神秘的な考えに捉われて怪しげな宗教に凝ってしまう人もいます。

しかしながら、実は人間の結びつきは極めてありふれていて、意外に簡単に人と人がつながっているということが、実験によって示されているのです。これを「6次のつながり」（別名「6次の隔たり」）というのですが、友だちの友だちの……というふうに次々と友だちの連鎖をたどっていくという方法で、互いにまったく見知らない2人の人間が互いにつながるまで何人が必要であるか、を実験で調べたら平均5人でよいということがわかったのです。結ばれた手の数は6つなので「6次のつながり」と呼ばれています。

そのための実験として、アメリカの普通の人であるAさんとアフリカの小さな国の少年Z君がつながるのに、何人が間に入ることになるかを調べる実験が工夫されました。Aさんが Z君の名を書いた紙を入れたファイルを用意し、Z君を知っていそうなBさんにファイルを渡し「Z君を知っていたら、このファイルをZ君に渡してください。知らなかったら、Z君を知っていそうな友人にこのファイルを渡し、同じように言ってください」と書いた手紙を添えたのです。

ファイルを渡されたBさんは、Z君を知らないので、知り合いの有名人のCさんなら

意外と簡単に人と人がつながっている

Z君を知っているかもしれないと思い、その手紙入りのファイルをCさんに渡しました。Cさんは Z君を知らないけれど、有名人なので Z君と同じ国の市長のDさんをよく知っており、Dさんなら Z君を知っているかもしれないと思い、Dさんにファイルを渡しました。市長であっても Z君のことまで知らないDさんは、Z君が住んでいる村の村長のEさんを知っており、Eさんなら Z君を知っているかもしれないと考えて、Eさんにファイルを託しました。Eさんと Z君は同じ村に住んでいても、無名の少年ですからEさんは Z君を知りません。そこでEさんは、知り合いの村の学校の校長であるFさんなら Z君を知っているだろうと思ってファイルを渡しました。幸いにもFさんが勤める学校に Z君がいて、そのファイルを Z君に手渡すことができました。

こうして、Aさんを出発したファイルが、Bさん、Cさん、Dさん、Eさん、Fさんの5人の手を経て、Z君に到着したのです。つまりAさんとZさんが、5人を介在して結びついたことになります。あまりに簡単そうに見えるので、本当かなと思われるかもしれません。しかし、Aさんに対応する異なった人を43人選び、やはりZ君に当たる異なった43人を選んで同じ実験を行ったところ、5人が間に入れば任意の2人が結びつく確率が一番高くなったのです。その結果として「6次のつながり」として有名になり、演劇にもなったそうです。

たった5人が間に入るだけで、見ず知らずの人間2人がつながるなんて、なんだか不思議に思えますね。そこで、このことを理論的に（数学的に）研究することが試みられました。世の中にはいろんな人間がいて、世界中の非常に多数の人間と知り合っている有名人がいるし、限られた地域だけなら知り合いが多い地方の名士と言われる人もいるでしょう。先の少年Z君の知り合いは少ないけれど、校長先生ならよく知っているし、校長先生は市長とは顔なじみだし、市長は有名人と付き合いがあるし、顔が広い有名人同士は互いに国際的交流があり、というふうに関係を逆にたどっていくルートを確率として計算するのです。それをさまざまなケースについて（有名人、市長、校長などが知り合っている人数の幅を考慮して）調べると、間に5人が入るのがもっとも高い頻度となることが証明できるのです。

そうだとすると、「世間は狭い」という実感は人間の結びつきの状況を正しく捉えており、「奇遇だな」と言うよりは「普段あることだね」と言うべきことになります。私たちは、世界はまったく脈絡（つながりやすじみち）がなく、人と人のつながりは無いと思い込んでいます。そのため、思いがけず簡単に結びつくことを知ると、「世間は狭い」とか「奇遇だな」と、意外性を込めて言っているのですが、そうではないのです。人間は6次のつながりで人と結び合っているのです。

むろん「6次のつながり」は平均で、2人が人気ある映画俳優のような有名人同士なら誰も介さないでつながってしまうでしょうし、小さな島で別々に独り暮らしをしているというような2人が互いにつながるには10次以上が必要であるかもしれません。知り合いが数百人はいる普通の人同士なら、6次で十分なのです。

この理論が予言することは、世の中まったく孤独な人はおらず、それぞれ人間の絆《きずな》によって結ばれているということです。そのことは、私たちは、思いがけない人に助けられたとか、「あしながおじさん」のように、見知らぬ人であっても少し手を伸ばすだけで結びつくようになる、ということを意味します。私たちはひとりぼっちではなく、手をつなぎ合えばどんどんつながっていくからです。勇気を持って人の輪に入っていけば、人々の結びつきで世界は大きく広がるということを予言していると言えるのではないでしょうか。

「パラドックス」はどこから生じたか

（例４）北大西洋深層循環流

「地球が温暖化すれば、ヨーロッパや北アメリカは寒冷化する」というパラドックスがあります。地球が「温暖化」するなら気温が上がっていくはずなのに、欧米は「寒冷化」する（寒くなる）というわけで、何だか矛盾しているような気がしますね。そのような辻褄が合わない命題のことを「パラドックス」と言います。「パラ」はギリシャ語で「反対」、「ドックス」は「定説」という意味ですから、パラドックスは、広く認められて真理と思われている定説と反対のことを主張する説で「逆説」、あるいは理屈に背く（合わない）ので「背理」と訳されています。

北アメリカのニューヨークは北緯41度弱、ヨーロッパのローマはほぼ北緯42度で、札《さっ》幌《ぽろ》の北緯43度とそう変わらず、ロンドンは北緯51度ですから樺太《からふと》北部にあたります。札幌では冬の厳寒期には摂氏マイナス10度にまで下がる日が度々あり、樺太では通常マイナス30度にも冷える込むのですが、ニューヨークやロンドンではそんなに冷え込むことは少なくマイナス5度がせいぜいです。ローマとなると、冬でも摂氏15度前後でずっと暖かいのが普通です。なぜ、北海道や樺太の冬はひどく寒くなるのに、北アメリカやヨーロッパでは暖かいのでしょうか?

その理由は海流のせいです。北海道や樺太は、北極から南下する海水温の低いオホーツク環流が周辺を流れていて空気を冷やしています。ところが、北アメリカやヨーロッパでは、大西洋南部から北上して北大西洋に流れ込む海水温の高いメキシコ湾流と呼ぶ暖流が流れていて、それによって空気が温められている、という説明を聞いたことがあるかもしれません。海流が運ぶ熱エネルギーは巨大な量ですから、それによって沿岸地方の空気を冷やしたり温めたりする効果が大きいのです。

問題は、暖流であるメキシコ湾流がどのようにして起こっているか、です。実は、長い間の地道な研究によって、「北大西洋深層循環流」という巨大な海水の流れがあり、それが暖流を引き起こしていることがわかってきました。この流れは、最初、北大西洋のグリーンランド沖で冷やされて水面下数百mの深さの底層にまで潜り込み、深層流と

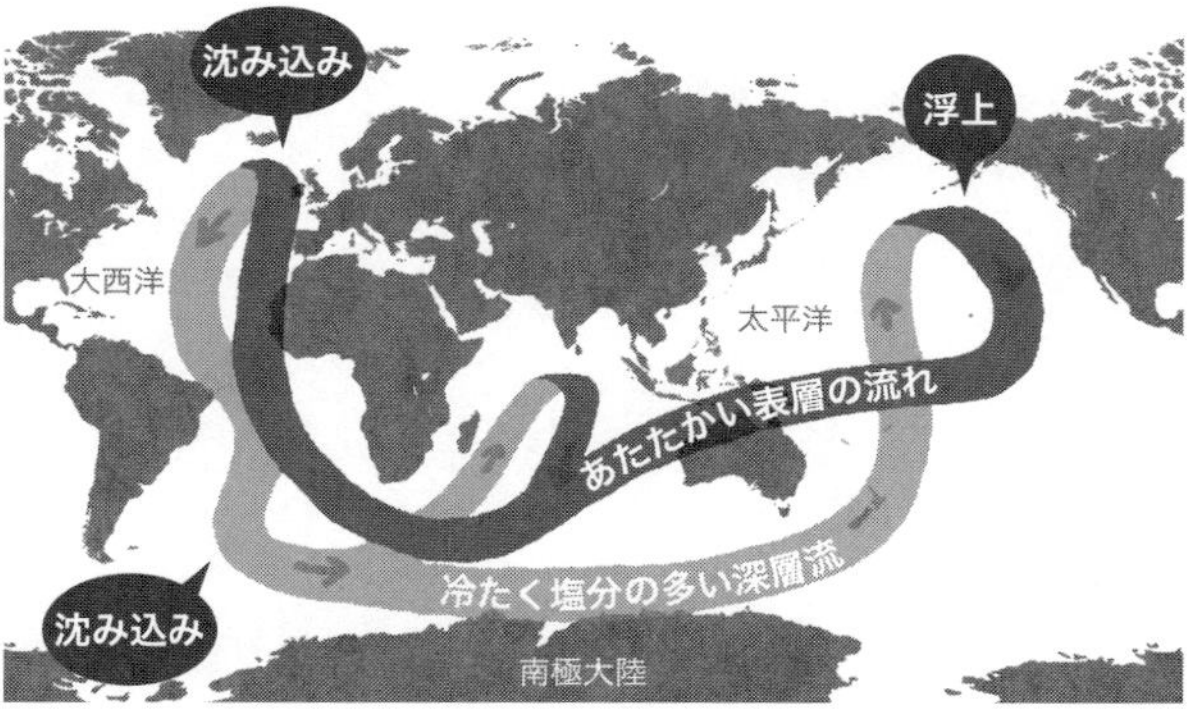

北大西洋深層循環流

なって大西洋を南下して南極大陸付近に達します。そこでまた冷やされつつ南極大陸沿いに東に流れ、やがて太平洋の海底に達すると表面からの暖かい海水と混じって軽くなり、徐々に浮き上がって北東太平洋で海面に浮上します。この間におよそ1200年かかっています。そして、今度は海面を流れる表層流となって太平洋を南下してインド洋を横切り、アフリカ沖を通過して大西洋を北上し、ようやく南大西洋に戻って来るのですが、この間にさらに1000年ほどかかっています。

このように、北大西洋を出発して南極大陸・太平洋・インド洋・アフリカ沖を、2200年くらいかけてぐるっと回って戻ってくる海流を

「北大西洋深層循環流」と呼んでいます。時速2mくらいのゆっくりした流れですから、見つけることが困難であり、流れを正確に追跡するのにも苦労したそうで、ようやく1980年代になってその存在が明らかにされました。これを「海のコンベアベルト（輸送帯）」と呼ぶことがあります。何を運んでいるかと言えば、表層流となって戻ってくる際、インド洋やアフリカ沖で熱い日光に照らされて海水温が高くなっていますから、大量の熱エネルギーを運んでいるのです。

つまり、温度が上がった海水がメキシコ湾流として北大西洋へ流れ込んできて、運んできた熱エネルギーを周辺に放出するのでヨーロッパや北アメリカは冬でも暖かいというわけです。循環流があればこそ、比較的温暖な気候が実現されているのです。

パラドックスが生じるためには、地球温暖化が循環流にどう影響するかが問題となりますね。この北大西洋深層循環流が生じるのは、グリーンランド沖や南極大陸沖で冷たい海流が沈み込むためで、その沈み込みの力によって流れが駆動されていると考えられています。ところが、海水が沈み込むためには、海水が重くならなければなりません。海水が重くなるとは海水の密度が高くなることですから、そのためには、

①（熱の効果）海水の温度がより低くなるか、
②（塩分の効果）海水に含まれる塩分の濃度がより高いか、

のいずれをも満たしていることが重要です。そのため、この流れを「熱塩循環流」と呼ぶこともあります。

地球温暖化が進むと、この二つの効果がどういう影響を受けるでしょうか？　地球が温暖化すると海水の温度も上がりますね。水は摂氏4度のとき一番密度が高く、それより温度が高くなると密度が下がることになります。つまり、①海水が冷えなくなると密度が高くなりません。また、温暖化が進むと、グリーンランドやシベリアや南極大陸の土地の表面を覆っていた氷床（氷の塊）が溶け出しますから、塩分を含まない真水が海に流れ込んでくることになります。つまり、②塩分濃度が低い海水になって密度が低くなるでしょう。①も②も、海水の密度を下げるので、軽くなる効果として働きます。

こうして、地球温暖化が進むと、海水の密度が低くなるため北大西洋沖や南極大陸沖で沈み込みの力が弱くなり、やがて深層循環流そのものが止まってしまう可能性があるのです。循環流が止まると、温度の高い海水を運んできたメキシコ湾流も止まってしまいますから、ヨーロッパや北アメリカ周辺に熱エネルギーが放出されなくなって寒冷化するのではないか、と予想されるわけです。実際、最近の観測では北大西洋深層循環流の流れ（流速や流量）が弱まっており、これは地球温暖化の効果が現れ始めている証拠ではないかと言われています。

見かけ上、「温暖化が寒冷化を引き起こす」というパラドックスに見えましたが、理由がわかってみるとパラドックスではなく、当たり前のことであったことがわかると思います。見かけだけでは矛盾しているように見えるけれど、実際に内容をよく調べてみれば矛盾していなかった、ということがよくありますから、慌てずに結論に飛びつかないことが大事です。「科学する」ということは、見かけ上のパラドックスに惑わされず、じっくり研究して物事の本質を明らかにするということなのです。

実際、今から12000年ほど前、地球は温暖化していて北大西洋深層循環流が止まっていたという証拠があります。当時どのような植物が生えていたかを、その時点の地層から出土する植物の花粉の分析から判断すると、その頃は寒い気候に適した植物が繁茂していたことがわかったからです。北大西洋深層循環流の研究から気候変動があった事実が見事に説明できたと言えるでしょう。そして、現在のような地球温暖化が進むと、やがて欧米は寒冷化することを予言しています。さて、人類はこの予言をどう受け止めるのでしょうか。

地球は素晴らしい循環系である

（例5）地球上でのさまざまな循環

海水の循環流のことについて述べましたが、地球上ではさまざまな物質が循環していることがわかっています。ここでは、水と炭素の地球スケールでの循環について述べることにしましょう。循環のようすは直接目でみることができませんが、それぞれの循環が地球を生命の住みやすい惑星にしていてくれているのです。

地球上では気圧はほぼ1気圧（1013ヘクトパスカル）であり、摂氏0度で固体の氷から液体の水へ、摂氏100度で液体の水から気体の水蒸気に変わります。これを「相変化（相転移）」と言います。水を構成している分子であるH_2Oの原子の結びつきは変わりませんが、六角形の結晶となっている固体（氷）、結晶は崩れているがH_2Oが自由に動けない液体（水）、H_2Oがバラバラになって自由に動ける気体（水蒸気）と、三つの相の間を変化（転移）しているのです。

液体の水が日光に照らされると、摂氏１００度にならなくても水は太陽エネルギーを吸収して水蒸気に変わります。逆に、水蒸気は温度が下がると（摂氏0度にならなくても）、内部に持っている熱エネルギー（これを「潜熱」、あるいは「気化熱」と言います）を外部に放出して水に戻ります。このように、水が相変化を起こすときは熱エネルギーの吸収・放出が起こりますが、これを「第一種の相変化」と呼びます（エネルギーの吸収・放出が起こらず、比熱だけが変化する場合が「第二種の相変化」です）。

地球には太陽が発するエネルギーが入射し、その70％は反射されて直ちに地球から出ていきますが、30％は地球表面の物質に吸収されて土壌や海水や大気の温度を上げており、そこから赤外線が放出されて地球の外に運び出されています。ただし、大気中にCO_2などの温室効果ガスが増えると、それらが赤外線を吸収して熱エネルギーを溜《た》め込むので地球が温暖化するのでしたね。人間はさまざまな活動（生産、輸送、消費など）によって熱エネルギー（排熱）を発生させています。また、人間の体温は（灼熱の夏以外）

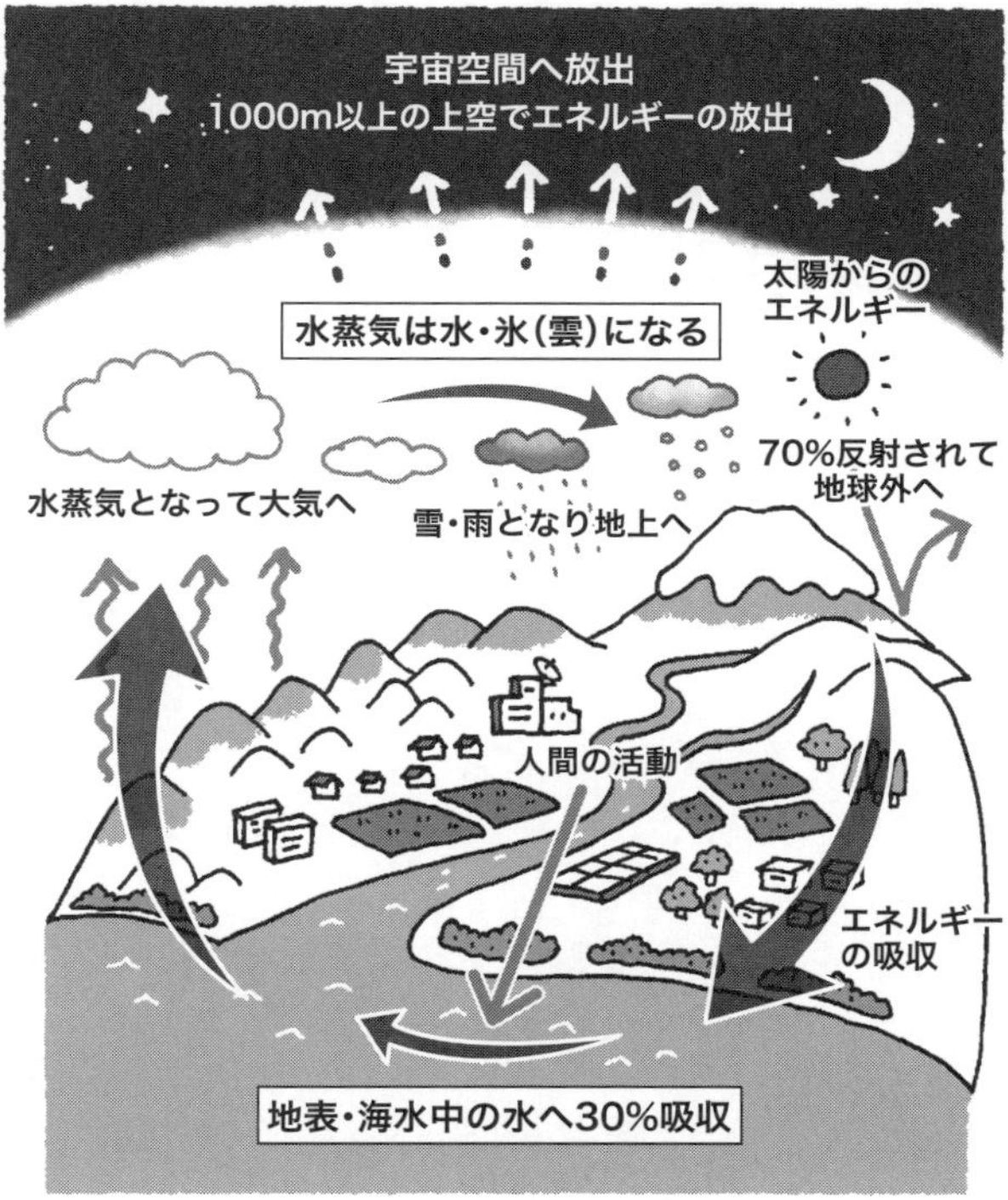
宇宙空間へ放出
1000m以上の上空でエネルギーの放出
太陽からの
エネルギー
水蒸気は水・氷(雲)になる
70%反射されて
地球外へ
水蒸気となって大気へ
雪・雨となり地上へ
人間の活動
エネルギー
の吸収
地表・海水中の水へ30%吸収

水の循環

気温より高いので、体の表面から熱エネルギーが流れ出ています。人間も排熱源なのです。このような太陽熱や人間の存在そのもの、人間の活動や温室効果ガスのために熱エネルギーが大気に溜まり、そのままでは地球の表面温度はどんどん上がっていくはずなのですが、そうはなっていません。なぜでしょうか？　むろん、熱エネルギーを外部に運び出しているからです。

地球には広大な海があり、海水が熱エネルギーを吸収して水蒸気に変えています。水蒸気は気体ですから軽く、上空に昇っていきます。水蒸気が1000m以上の上空に達すると、熱エネルギーを放出して液体の水に戻ります。その水が雨となり（温度が低いと雪になり）、地表に戻って来るわけです。一方、上空で放出された熱エネルギーは宇宙空間に逃げていくことになります。

まとめると、地球の表面付近で発生した排熱（熱エネルギー）を海水が吸収し、水蒸気になって上空に昇り、そこで液体の水に戻って地上に落ちてきていることになります。それをH_2Oの運動として見ると、地上から水蒸気の形のH_2Oが上昇し、上空から水という形のH_2Oが下降して戻ってくるという、「循環運動」をしていることになります。その循環過程において、地表付近で吸収した排熱を上空で宇宙空間に向けて放出しているのです。

この作用はエアコンと似ていますね。クーラーの場合、室内機中の液体の冷媒（オゾンを破壊しないタイプのフロンであるハイドロフルオロカーボンが使われています）が室内に溜まっている熱エネルギーを吸収して気体になり、室外機に運ばれてコンプレッサーで圧縮されて熱エネルギーを空気中に放出して液体に戻り、室内機に戻されています（冬の暖房は逆に運転しています）。つまり、室内機と室外機の間を行き来する冷媒が、地球表面の水蒸気と水ということになります。エアコンは電気でガスを膨張させたり圧縮したりして働かせていますが、地球では電気を使わずに水が相変化しながら循環することで排熱を地球外に運び出しているわけです。その循環運動によって地球の平均温度を摂氏15度に保ってくれています。もし水の循環がなければ、地上は太陽熱や排熱で温度がどんどん上がって熱地獄になっていたでしょう。

その証拠として金星が熱地獄になっていることが挙げられます。金星は地球と双子と言われるくらい重さや半径が地球と似ているのですが、地球は生命が溢《あふ》れた「緑の惑星」になっているのに対し、金星は90気圧ものＣO_2の厚い大気に覆われ、摂氏４６５度もの熱地獄の惑星なのです。なぜそうなったのでしょうか？　金星は、地球より太陽にちょっと近いだけなのですが、太陽からの紫外線が強いために、H_2Oが水素Ｈと酸素Ｏに分解されてしまいました。水が失われてしまったのです。その結果大気中にはＣO_2しか残らず、その温室効果によって熱地獄になってしまったというわけです。地球と金星の差は、水が表面にあって循環作用をしたか、しなかったかの違いなのです。

一方、火星にも最初は地球と同じように大きな海があったようですが、火星はその重さが地球の9分の1くらいしかないため重力が弱く、水が蒸発するにつれ、火星からほとんど逃げてしまったと思われます。コップに水を入れてそのまま置いておくと、水はゆっくり蒸発していつの間にかなくなってしまいますね。それと同じで、火星の水のほとんどが逃げてしまったのです。その結果、少なくとも現在までには火星に生命は発見されていません。地球と火星の差も、海水が表面にあって循環作用が続いてきたか、海水が無くなって循環作用が続けられなかったか、であるとわかると思います。

このように、太陽系での金星・地球・火星は、太陽からの距離や重さが少し違っていただけで現在のような三つのまったく異なった姿となりました。水が表面に存在し続けたかどうかが決定的であったのです。

恒星の周りに数多く（3000個以上）発見されている太陽系以外の惑星系において、果たして生命が存在する惑星があるかどうかの基準として、水が存在している惑星かどうかが条件とされています。これが「ハビタブルゾーン」です。中心にある星からの距離として、生命が宿ることができる（ハビタブル）、水が存在する領域（ゾーン）、という意味です。

惑星が誕生したときに持っていた大気を「原始大気」と呼びますが、CO_2や窒素が主体の無機的なガスでした。有機物は生命活動によって形成されるので、原始大気には有機物は存在していません。逆に言えば、惑星大気に有機物が見つかると、そこには生命体が存在した証拠になります。だから、宇宙における生命探査はガス中に有機物が含まれているかどうかがカギというわけです。

こうして、太陽系外の惑星系でハビタブルゾーンに位置し、有機物を含む大気を持っている惑星が見つかれば、そこに生命体が誕生していることが期待できることになります。宇宙における生命を探査するための重要な予言がされているわけです。

もう一つ、地球における炭素の循環について述べておきましょう。地球もCO_2や窒素が主体の原始大気から出発しました。そのうちCO_2は海水にゆっくりと溶け、その後海水中に含まれているマグネシウムイオンやカルシウムイオンと結合して炭酸マグネシウムや炭酸カルシウムになり、石灰石のような岩石となって海底へと沈み堆積していきます(これを「石灰化」といいます)。それが隆起して地上に姿を現したのが堆積岩で、地下水に浸食されたのが鍾乳洞《しょうにゅうどう》ですから、鍾乳洞は過去の地球が持っていたCO_2の化石と言えるでしょう。

やがて(地球の場合は、誕生後約8億年以後)、海中に藻のような葉緑素を持つ植物が生まれ広がりました。藻は葉緑素の働きで光合成を行いますから、大気中のCO_2は藻に吸収されて徐々に減っていき、逆に酸素が生成されて地球表面に広がっていきました。そしてオゾン層が形成され、紫外線が地上に到達しなくなると、まず植物が海から上陸して地上に繁茂し、光合成反応でさらにCO_2を吸収するようになりました。植物はすぐに枯れてCO_2は元の大気に戻りますが、一部は地中に埋まって圧縮され、石炭になった

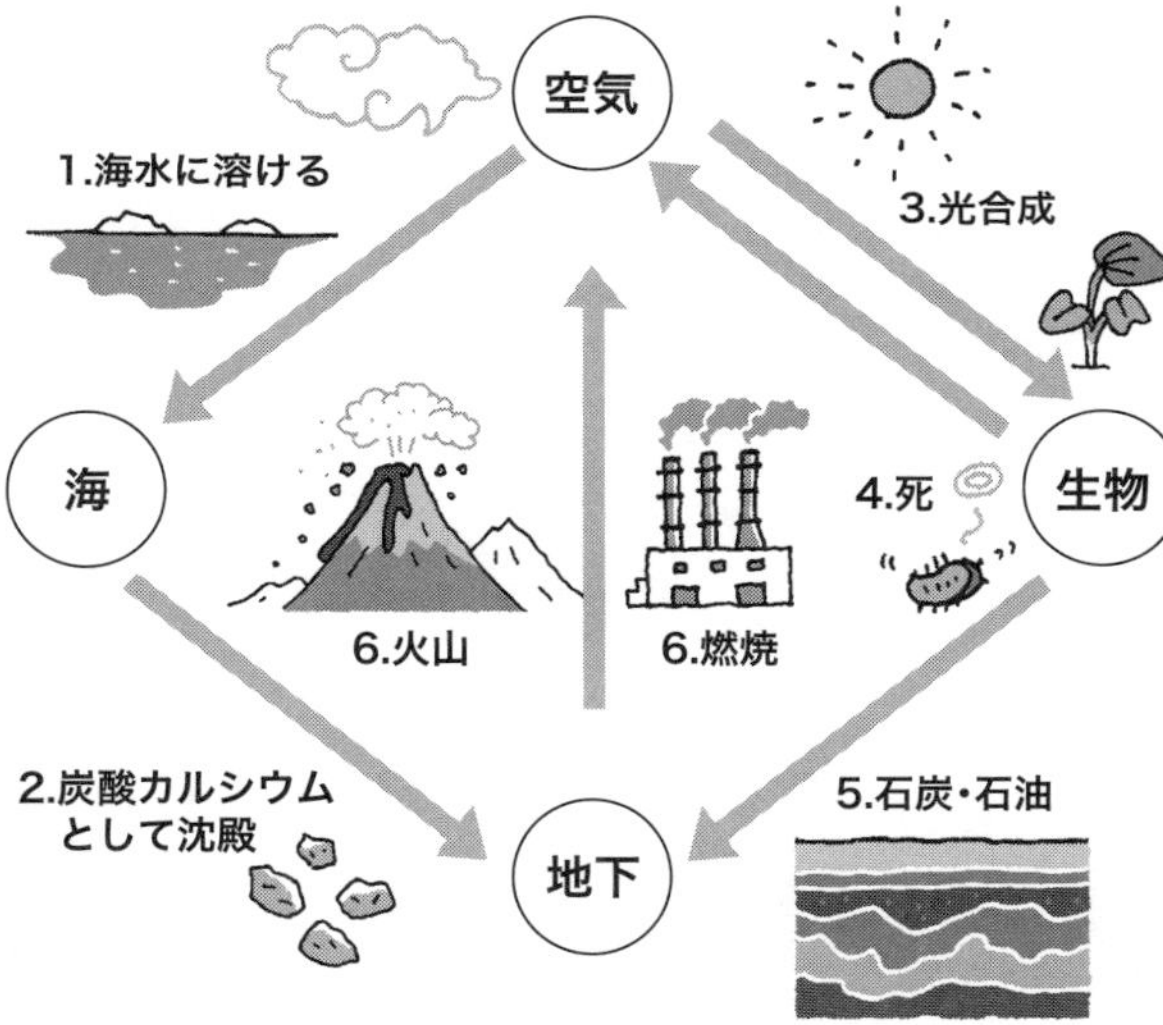

CO_2の循環

のですが、人間がそれを掘り出してエネルギー源として使うことで、逆に大気中のCO_2を増やすことになったわけです。現在の地球の大気の成分は、取り残された窒素が78％、光合成で作られた酸素が21％、二酸化炭素が0・04％程度とされています。

CO_2は、海水に溶け、藻や植物の光合成で減少するだけでなく、火山爆発によって地下から大量に放出されて増加することもあります。過去の地球の歴史を見ると、CO_2の量は200ppm程度（0・02％）（注＊）の2分の1から2倍程度の間の増減を繰り返してきました。そして、産業革命が起こった頃は280ppm（＝0・028％）でしたが、現在は約400ppm（0・04％）へと増えています。現在は人間の活動（化石燃料の使用）のために、大気中のCO_2の存在量が大きく増加しているのです。

以上をまとめると、地球上のCO_2は、海水が直接吸収する作用（石灰化）と海の藻による光合成、そして陸上に繁茂する植物の光合成による減少と、火山爆発と化石燃料の燃焼による増加、の兼ね合いで存在量が決まっていることになります。最近では、減少よりも増加の方が上回っており、大気中にCO_2が溜まり続けていることがわかっています。その理由は、大気中のCO_2を特に増やすほど近年に火山爆発が起こったわけではありませんから、産業や家庭のエネルギー源として化石燃料を燃やすことや、大量のクルマの使用による排ガスのため、と言えることは明らかでしょう。

このままの状態が100年も続くと大気中のCO_2の量は600ppm（0・06％）を超えると予想されています。そうなると、海水に溶け込むCO_2が大幅に増加し、海の酸性化（炭酸イオンの増加）が進むようになり、貝類は貝殻を作ることができなくなるという恐ろしい未来が予言されています。貝類が消滅し、魚の骨格も弱くなり、海の生物の存続が危うくなるのです。

また、CO_2の増加が地球温暖化を引き起こしており、それが原因となって大気の流れを大きく変化させ、気候変動につながっていると指摘されています。実際、最近になって夏の猛暑がひどくなり、集中豪雨が何度も起こり、台風の強度も数も増えている、というような地球異変が起こっており、異常気象が「異常」ではなく「日常」になりつつあるようです。IPCC（気候変動に関する政府間パネル）の予想では、21世紀中に平均気温が摂氏2度上昇し、海水が膨張して海面の高さが80㎝以上も上昇するとされています。こんなことになれば海岸を埋め立てて造成した世界の主な都市は水没してしまうでしょう。人類は、CO_2の排出を減らし、地球温暖化を止めるように努力しなければなりません。

ところで、大気中のCO_2の増加を示す図に小さなギザギザ（周期的な変化）があることに気づくと思います。これをクローズアップして見ると、北半球の夏にはCO_2の量が少し減り、冬になると少し増えているのが繰り返されているのがわかります。まるで地球が1年周期で呼吸しているかのようです。なぜ、こんな周期的な変化をしているのでしょうか？

この理由は、CO_2の増減の過程が季節によってどう変化するかを考えれば理解することができます。地球儀を思い出すと、北半球は陸地が大きな面積を占め、南半球は海が大きく広がっていますね。このことがヒントになります。

北半球が夏の場合を考えてみましょう。夏は温度が高いため、北半球の広い陸地に生えている植物が元気で光合成が活発に起こり、CO_2の吸収が増えるでしょう。一方、北半球の夏は、南半球では冬ですから気温が低く、海水温度も低いのでCO_2が海に溶ける割合も多くなります。その結果、北半球の夏（南半球の冬）にはCO_2を減らす作用が少

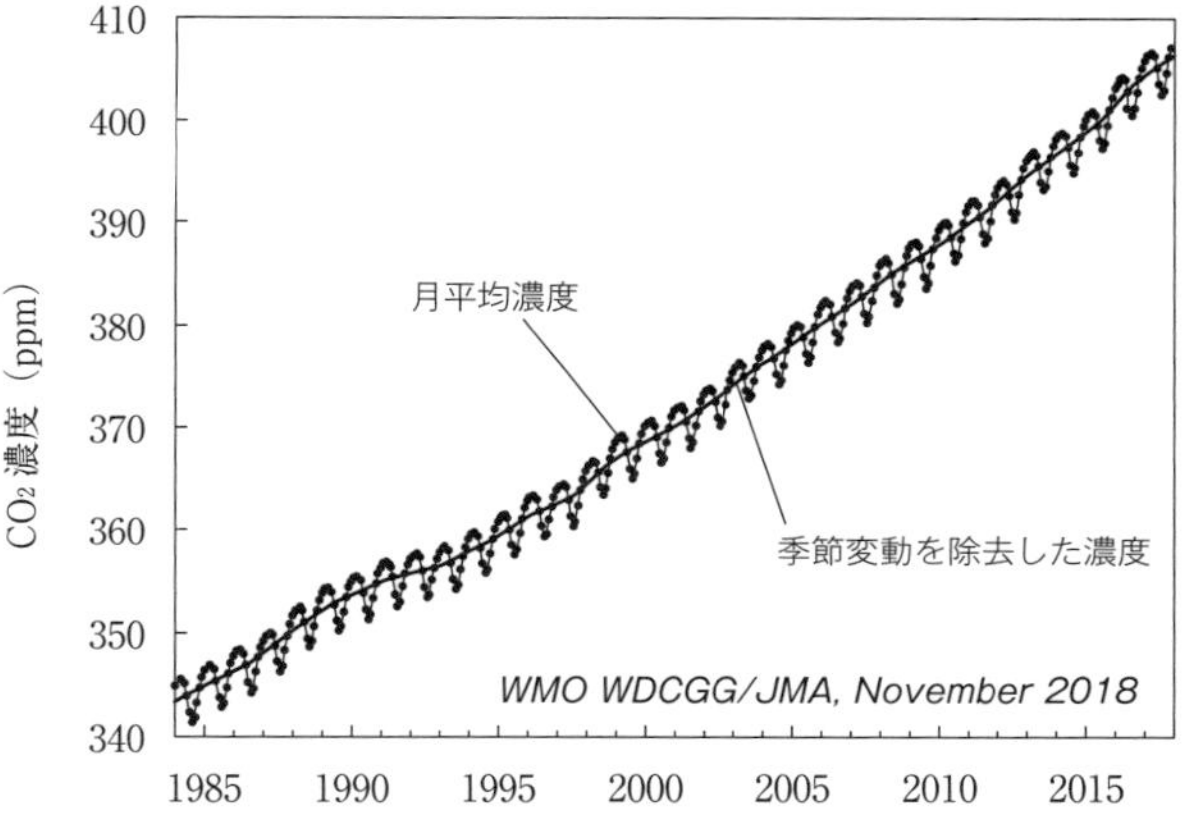

地球全体の二酸化炭素の経年変化

し大きくなるのです。

逆に北半球の冬になると温度が下がり、北半球の広い陸地に生えていた植物は枯れたり元気を失ったりするので光合成が不活発になり、南半球は夏ですから海水の温度が上がり、CO_2を溶かす能力が下がります。このことは、ビールを温めると溶け込んでいたCO_2がブクブクと出てくることで、よく知っていると思います。そのため北半球の冬（南半球の夏）は、CO_2を減らす作用が少し小さくなるため、相対的に増えるようになるのです。CO_2に対する地球の反応が見えるようですね。

湖の底に溜まった泥や南極大陸の厚い氷を掘り出して、過去の50～100万年程度の地球の平均気温や空気中のCO_2の量の変化が調べられています。それによると、CO_2が増えてから地球が温暖化したことがあるとともに、逆に地球が温暖化してからCO_2が増えているケースもあります。通常は、CO_2が増えて（原因）その温室効果で地球が温暖化する（結果）と考えますが、逆転して結果（温暖化）が原因になり、原因（CO_2の増加）が結果になっているようなのです。なぜこういうことが起こるのでしょうか？

これはおそらく、何らかの原因で（太陽の輝きや地球の軌道がほんのちょっと変化したり、宇宙線の量が少しだけ減ったり、CO_2よりも大きな温室効果を引き起こす水蒸気の量がほんの少し増えたりしたため）まず地球温暖化が起こり、その結果シベリアやグリーンランドの氷床が溶けて、閉じ込められていたCO_2（やメタンガス）が空中に放出されたため、と考えられます。このような場合には、地球温暖化が起こってからCO_2の増加が起こるという順になります。地球のさまざまな作用は実に微妙に調節されており、ほんの少しのズレだけで全体が大きく変化することがわかると思います。だから気温がほんの2度上がるだけでも、地球全体で考えると大気には莫大《ばくだい》な熱エネルギーが溜まることになり、それがさまざまな事柄に影響を与える可能性があるのです。

今述べた、何らかの原因で地球温暖化が起こり、その結果CO_2が増え、それが原因となって地球温暖化がさらに加速される、ということになると「悪循環」が引き起こされる危険性があることを注意しておきましょう。つまり、地球温暖化⇓氷床が溶ける⇓温室効果ガスであるCO_2やメタンガスが放出されて増加する⇓それにより地球温暖化が加速される⇓氷床がいっそう多く溶ける⇓CO_2やメタンガスがいっそう増加する⇓温暖化がいっそう加速される⇓……というわけです。その結果、金星のように温暖化とCO_2の蓄積が暴走して熱地獄になってしまうのではないか、と心配になります。考え過ぎと思われるかもしれませんが、この可能性を否定することはできません。だから、温室効果ガスの排出を減らして地球の温暖化を抑え、地球環境を守ることにもっと励むことが必要なのです。このような悪循環の予言通りにならないために。

（注＊）ｐｐｍ：１００万分の1単位という意味。２００ｐｐｍは１００万分の２００ですから０・０００2で、パーセント（％）は１００分の1単位ですから、２００ｐｐｍをパーセントに直すと０・02パーセントになります。

自然が残した指紋から過去を読み解く

（例6） 地球温暖化のフィンガープリント

春が近づくと「桜前線」が日本列島を北上していくことで春の訪れを思い、晩秋になると今度は「紅葉前線」が日本列島を南下していくことで冬の訪れを実感しています。日本列島がほぼ南北方向に並んでいるために、気温の上昇が南から北へ、気温の下降が北から南へと進んでいくことを、桜と紅葉で代表させていると言えるでしょう。

この研究で取り上げるのは、例えば桜が開花する日がどれくらい早くなったか、紅葉が始まる日がどれくらい遅くなったかで、地球の温暖化がどれくらい進んでいるかを調べようというものです。実は、桜前線は300年以上前から暦などに書かれてきましたから、300年の間の開花の記録があります。桜や紅葉だけでなく、さらに昔からのいろんな記録を使って、野生の動植物が地球の気温変化にどう反応したかを調べれば、地球が温暖化している証拠が得られるのではないか、と期待できるでしょう。これを「地球温暖化のフィンガープリント（指紋）」と言います。自然が何気なく残した「指紋」を読み取れば、過去の地球環境の変化を探れるだろう、というアイデアです。

例えば、比較的温度が低い場所を好むクマゼミが、日本列島を北上していることを知っていますか？　クマゼミは、最初九州や沖縄の島々に生息していたのですが、少しずつ北上を続けて１９８０年代に関西の都市部で見られるようになり、１９９０年代には中部地方、２０００年代には神奈川や東京にまで広がってきたことが報告されています。クマゼミの生息地が北上しているのは確かなのです。実際にこのことを具体的に確かめようと、大阪や京都の博物館が呼びかけて子どもたちの協力を得て、いつクマゼミが鳴き始めたか、その数はどう変わったか、都市部と山間部でどんな違いがあるか、などの観察が10年以上にわたって続けられました。その結果、クマゼミが鳴き出す時期は早くなり、関西での全体の数は減っており、都市部から山間部へと移動していることがわかってきました。やはりクマゼミは気温が高くなった場所から、比較的低温の場所へと移動しているようなのです。

あるいは、低温を好むツクツクボウシが鳴く時期が、8月末頃であったのが、9月に入って鳴くようになり、そのうちに9月末になってやっと鳴き始めたというふうに、暑い時期が長引くのでツクツクボウシが姿を見せる時期が遅くなっていることも観察されています。その他のさまざまな昆虫（コオロギ、スズムシ、ホタル、カブトムシ、トンボなど）の分布の変化も併せて調べれば、もっと地球温暖化の証拠が示せるのではないでしょうか。

野生植物でいえば、高山植物がどの程度山の高い場所へと移動しているかが調べられています。植物は自分では動くことはできませんが、生える場所は移動できるのです。というのは、野生植物は花が受精すると周辺部に花粉を振り撒《ま》くだけでなく、虫にくっついたり、風に吹かれたり、獣の毛にくっついたり、鳥に食べられ遠くまで運ばれたり、というような方法で次の世代の子孫である花粉を広い場所に散らばらせているからです。そして、その土地が植物の好む温度や湿度であれば発芽して花を咲かせ、温度が高くて成育に好ましくなければ発芽しないままとなりますから、植物も生育の条件が良い土地に移動すると言えますね。寒いところを好む高山植物も地球温暖化のために、より気温が低い場所、つまりより高い場所へと「登る」わけです。

このようなさまざまな記録を世界各地から集約して、実際に地球温暖化が野生の動植物の分布にどのような影響を与えているかを調べた研究があります。指紋を調べて犯人の挙動を推理するのに似て、長年の動植物の動きを指紋と同じように読み取り、地球温暖化がどのような痕跡を自然に与えてきたかを探ろうというわけです。

私は、この研究をとても高く評価しています。まず、いろんな地域で動植物の地道な観察が行われ、それを何年にもわたって続けられていることに敬意を表したいと思います。さらに、その報告を数多くの文献から探し出して整理し、地球温暖化のフィンガープリントとして歴史を読み取る研究者の粘り強さにも脱帽しています。実際のデータは採集者ごとに矛盾していたり、地域ごとの差があったりする上、年ごとの変化はジグザグで一辺倒ではないし、不十分なデータを補わねばならない、というように実に注意深い研究が必要であるからです。

そして1500種くらいの動植物のデータを集約して、この10年間に、野生の生物は約6km北上し、高山植物は6m高く登り、鳥が卵を孵化《ふか》し、桜の花が開花するのが2・3日早くなったという結果が報告されています。「たったそれだけの変化なの？」と思われるかもしれませんが、このような変化が100年続くとすれば、この結果を10倍しなければなりません。実際には地球温暖化は加速され、どんどん進み方が速くなっていますから、50年でこの10倍になり、100年先には50倍になっているかもしれません。重要なことは、はっきりと地球温暖化のフィンガープリントが読み取れるようになったということです。地球の生物の分布に大きな変化が生じるようになっていると言えるのです。

この研究の予言が証明されつつあることを述べておきましょう。春先になると①植物の若葉が広がり、②昆虫の幼虫（毛虫）が蠢《うごめ》き始め、③鳥が卵をかえしてヒナの養育を開始します。実は、自然界がこの①—②—③の順序で春を迎えるということが、野生の生物にとってとても重要なことなのです。昆虫の毛虫は柔らかい葉っぱしか食べられませんから、幼虫が蠢き始める頃には植物に新緑が芽を出していなければなりません。また、鳥はかえったばかりの幼いヒナに毛虫を餌として与えますから、鳥が孵化してヒナとなるころには毛虫が蠢き始めていなければなりません。このように、植物の新緑の葉—毛虫—ヒナが、ほぼ同じ頃に順序を違えずに育っている必要があり、その順序が狂うと野生生物が死に絶えることになりかねないのです。

例えば、植物の若芽が早く育ってしまい、毛虫が動き始める頃にはもはや固い葉っぱになっているとか、逆に植物の新緑が出るのが遅くなると、生まれた毛虫には食べ物がなく死んでしまうでしょう。あるいは、毛虫が現れるのが早すぎて、鳥のヒナが育つころにはチョウやガになって飛び回っていたら、親鳥もヒナのために必要な餌を集めることができないでしょう。何しろ、ヒナは1日に50匹は毛虫を食べるそうですから。だから、ヒナが育つころに毛虫がいなくなっていたら、ヒナは餌がなくて餓死してしまうことになります。野生生物が生き残る上では、微妙な時期の調節がなされる必要があるのです。

実際に、最近のヨーロッパの研究で、毛虫が育つのが早すぎて、まだヒナが育つ前に毛虫がいなくなり、マダラヒタキのヒナが腹を空《す》かせていて危機的状況である、ということが報告されています。マダラヒタキは、春先にアフリカから渡ってくる鳥で、ヨーロッパの温暖化が進んでいることを知らないままやって来て、毛虫がいなくなっているという困難に陥っているようなのです。

海の魚の分布を調べた研究もあります。北海に潜って、どのような魚種が多く泳いでいるかを、地域ごとの分布を調べたものです。その結果、この30年の間にタラとかシャケ（サケ）とかの比較的低温を好む魚の分布の中心が、北に２００km も移動しているということがわかってきました。海水温はいったん上がるとなかなか冷えず、地球温暖化の効果が持続して累積していきますから、分布する魚種の変化が明確にわかるのです。北極海の温暖化が進むとタラやシャケの行き所がなくなってしまうでしょう。やがて海水温が高すぎて生息できる場所がなくなり、死に絶えることになるかもしれません。

以上が地球温暖化のフィンガープリントの話題です。生態系というさまざまな生物が共存している地球上で、私たちの目には何も変わらないように見えて、実際には温暖化の効果がさまざまな形で現れていることがわかると思います。

そこで問題となることがあります。人間が農作物として育てている植物は、常に人間に管理され同じ土地で栽培しているので、高山植物のように より生育に適した土地へ移動するというわけにはいきません。その結果、農作物が暑さに負けて育ちが悪くなるという、地球温暖化による生育障害が起こるようになっているのです。イネが高温早熟障害によってコメ粒が白濁したり割れやすくなったりし、梅の実は春先に雨と高温があると黒星病が発生して黒い斑点ができ、ミカンは果皮が日焼けして褐色に変色したり果皮と果肉が分離したりというふうに、さまざまな高温障害が報告されています。
犯人探しの推理小説に喩《たと》えると、地球温暖化のフィンガープリントの研究がかすかな痕跡（指紋）を辿《たど》って地球温暖化という犯人を炙《あぶ》り出しているのに対し、栽培植物の高温障害は明確な殺人事件の捜査のようなものかもしれません。犯人は高温であるとわかっていて、さてどのような方法で障害（殺人）を起こさせたかを調べるようなものですから。いずれにせよ、地球温暖化は地球の生態システムに大きな変化をもたらすであろうことは確かで、地球の生態系の持続可能性にたいする大きな問題になりつつあり、放っておくわけにはいかなくなっているのです。

思いつくままに、身近なできごとに関連する研究の成果をまとめてみました。科学者たちが、それぞれどんな工夫をして問題を解き、そこからどんな予言ができたかがわかると思います。科学はいろんなことに「なぜ」と考えチャレンジしてきたのです。

第3章　科学的な考え方とは

通常の科学の研究では、ばらばらでしか（あるいは部分的にしか）手に入らない事実を組み合わせ、足りない部分はさまざまに推理して、現実に生じていると思われる現象の説明や謎の解明を行っています。それに加え、現実に生じている事柄の解釈や説明だけでなく、将来どうなるかについて予測しなければなりません。予言力が求められるわけです。つまり、現象（結果）を前にしてその理由（原因）を探り、その理由の説明とともに、将来にどのようなことが予言できるかを提示し、理由と予言が実際に正しいと認められなければならないのです。その間の思考の流れをコントロールしているのが、「科学的な考え方」なのです。

実は、この「科学的な考え方」は科学の研究だけでなく、私たちの日常生活におけるさまざまな事柄にも適用できることであり、現に、みんなそれなりに科学的に考えています。実際に、私たちは意識しているかどうかは別として、何か事があるたびに、

①なぜそうなったのだろうと考え、
②筋道が立った推論（推理・推測によって立てた論理）を客観的にたどり、
③もっとも合理的と思われる考えを最終的な結論とする、

という思考過程を採っているのは事実ですから。人は誰でも、そのような思考法を自然のうちに身につけているのです。

ところが、誰もがそのような「科学的な考え方」をするなら、みんな似たような結論に到達するはずなのに、ぜんぜん違った結論になってしまうことがたびたびあります。なぜでしょうか？　それは各個人の思考の中の、①から③の間のどこかで「科学的」ではなくなっていて、本来あるべき筋道から外れているからです。そこで、どんな場合に筋道から外れて「科学的」でなくなるかを考え、「科学的」であるためにはいかなる思考が大事であるかを探ることにしましょう。

個人の感情を交えないこと

「科学的」思考とは、誰にでも共通する前提と事実を組み合わせて、そこで何事が起こったかを推測し、考え得る範囲を絞り込んでいく作業のことですが、最初に言っておきたいことは、その過程に個人の感情を交えてはいけないということです。

私たちが物事を考えるときには、①の段階で、つい「こうあって欲しい」とか、「こうあるはず」とか、「こうあるべきだ」とかの、個人的な願いや意見や私情を交えたくなります。しかし、このような個人の意見や願望や私情が入り込むと、論点が発散して焦点がぼけ、何を問題にしていたかがわからなくなってしまいます。というのは、各個人の勝手な見解が幅を利かせるため、各人の主張がバラバラに提示され、まとまりがなくなってしまうためです。その結果、何が事実であり、何が個人的で勝手な意見なのかの区別がつかなくなってしまいます。特に、②の客観的な事実を積み上げながら筋道をたどる段階では、このような主観的な意見を交えるのは混乱を招くだけになることは明らかでしょう。

あるいは、③の何らかの結論が見えてきても、自分の「気に食わないから」とか、「嫌いだから」とか、「主義に合わないから」というような、個人的感情で結論を受け入れないのも「科学的」とは言えません。その客観的な理由を明確に示さず、ただ自分のわがままを言っているに過ぎないからです。結論に反対して受け入れられない場合には、「事実に反するから」とか、「論理が飛躍しているから」とか、「筋道に混乱があるから」と理由をあげて、具体的に事実や論理や筋道について納得できない点を明示すべきです。というより、明示できねばならないのです。ここには、一切私情が入る余地はありません。

時々、個人の勝手な意見や主張を押しつけようとする行動が目立つ人にお目にかかります。いかにも熱心に自分の熱い思いを述べ立てているように見えますが、単に混乱を持ち込むだけで、真の解決を曖昧《あいまい》にしてしまう人がいるので要注意です。本人はひたすら自己の主張を「正しく」述べているつもりなのですが、それが身勝手な振る舞いであることに気がついていないことが多くあります。客観的な事実と個人の主観的な願望をきちんと区別することが「科学的思考」の第一歩なのです。

原発が事故を起こしたとき、テレビに出た専門家の多くは事故の詳細がまだわからないのに、「事故はたいしたことはない」と言い続けました。まさに、自らの願望を優先させて、事実を見ようとしなかったのです。そのうちに大事故であることが徐々にわかってくると、この事故は「想定外」の津波が原因だから、どうしようもなかったのだというふうに言い始めました。責任が問われてはかなわないとの気持ちから、事故の真相を客観的に調査する前に、自己本位の結論を出して原因を曖昧にしようとしたのです。このような態度は決して「科学的」とは言えないことは明らかです。現実に起こった事実を正面から受け止めて、私情を交えずに証拠を積み上げて、客観的に結論を導く態度が何ら見られなかったからです。

おそらく、原発の大事故という結果に圧倒されて慌ててしまい、順を追って思考し、どこに問題があったかを明示すべき科学者としての道を踏み外し、自己本位な主張をしてしまったのでしょう。事故が起こることをまったく考えたことがなく、日頃「科学的」思考を鍛えていなかったことを物語っています。「科学的」であるためには、私情を交えず、スジが通っていて公正であり、道理や理屈にかなっていて合理的でなければならず、それは日常的思考で鍛えておかねばならないのです。

自分の経験を絶対視しないこと

先の「個人の感情を交えないこと」と関連しているのですが、これと似ていて少し違った「非科学的」な言い方があることを述べておきましょう。私たちは、よく「これは経験した者でないとわからない」とか「あなたには私の気持ちはわからない」と言われたり、あるいは「私がこの目で見たことを信用しないの?」と詰め寄られたりしたことはありませんか? このように言われると、もはや議論したり、それ以上問いかけたりすることができなくなり、互いにもはや理解できないという気持ちにさせられますね。

このように言う人は自分の経験を絶対視しており、それはどう批判されようと絶対に正しく誰も否定できないと思い込んでいるのです。確かに自分が経験し、実際に自分の目で見たのだから、他人には否定しようがないとの自信もあるのでしょう。そのため、それを疑う言葉を一切受け付けなくなります。人から少しでも批判されると、自分の経験を絶対正しいとして人の言い分を何ら聞き入れず、自分の言っていることを立ち止まって考え直したり、違った目で見直したりすることがなくなってしまうのです。

それどころか、最初は自分の経験に曖昧な部分があったのですが、知らず知らずのうちにそれを補うように想像して付け足してストーリーを完全にし、いっそう自信を持って主張するようになることが多くあります。そうなると、実は本人もどこまでが実際に経験したことなのか、どこからが想像の産物であるのかがわからなくなるのですが、その迷いを振り切って自分が作り上げたストーリーにいっそう固執するようになるというわけです。

たとえば、犯罪を偶然目撃した人の証言は信用できないことが多いと、よく言われますね。何回か証言しているうちに、目撃していないはずなのに、そのように話すとよけい信用してくれるだろうと期待する気持ちから、辻褄《つじつま》が合うよう知らず知らずのうちに話を作り出していくからです。そして、話の矛盾が少しでも指摘されると、「私がこの目で確かに見たことを信用しないの?」と居直るのです。こうなると、最初の目撃証言に含まれていた真実の部分すら疑わしくなってしまい、せっかく目撃した事実そのものも信用されなくなります。犯人探しというような「科学的」になされるべき作業には、個人の経験の絶対視は危険であることがわかると思います。客観性が失われ、修正することができなくなるからです。

個人の経験を「科学的」な事実として活かすためには、あたかも外から見ているかのように客観的な視点で、曖昧な部分、途切れている部分を正直に認めて、どのような経験をしたかを他人と共有する態度が不可欠なのです。自分の経験が絶対に正しいと信じ込み、疑問を抱かれるのを拒否する人の言うことは、かえって信用してはいけないということです。

自分はUFOを見たと信じ込んだ人に、「どんな乗り物であったの？」と聞くと、みんな申し合わせたかのように円盤状で窓があり、そこに宇宙人の顔がちらっと見える図を描くことがよく知られています。それは、現実に見たわけでもないのに見たと思い込んで、以前に雑誌かテレビ番組で見た場面を思い出して描いているからです。それを指摘すると、「自分はしっかり見た」と強調し、「見たことがないあなたにはわからない」と決めつけるでしょう。それでは、とてもUFOの正体を「科学的」に明らかにすることはできませんね。

そもそもUFOは「未確認飛行物体」のこと、何かが飛んでいるように見えるけれど、はっきりそれが何であるかが確かめられていない物体のことです。だから、実際に見た姿を「科学的」に判断して、それが鳥なのか、雲なのか、木の枝なのか、偶然のハレーション（カメラ内の光の屈折）なのか、何かの飛行物体なのか、を詳細に検討することがまず大事なのです。それを直ちに宇宙人の来訪に結びつけるのは無理があるのですが、何かわからない物が写っていると、それは「ＵＦＯ」で「宇宙人がいる」と短絡して主張する人が多くいます。それを疑ってクレームをつけようとすると、「私を信用しないのか」と言われて、それ以上議論ができなくなってしまうのです。

自分の主張や経験を絶対視して、他からの意見を受け入れなくなると、「科学的」な態度とは縁遠くなることを忘れてはなりません。

「鵜吞みにしない」こと

科学者は一般に「疑り深い」という共通の特徴があります。といっても人間不信というわけではなく、科学に関することは「鵜《う》吞みにしない」、「単純に信じ込まない」という意味です。何か新発見があったというニュースについて新聞記者から感想を聞かれたさい、科学者の多くは「もし、それが本当なら」と前置きしてから、「素晴らしい業績だ」とか、「画期的な発見だ」という感想を述べるのが普通です。特に、その分野により大きな影響を与えるような、より重要な新発見であれば、よりしっかりした証拠が必要で、それを自分の目で確かめるまでは信じないという態度を貫きます。疑り深いのです。そのため、新発見だと主張する研究とは独立で、完全に別個に行われた研究結果が出て、その新発見が確認（追試）されるまでは、受け入れないのが普通です。自分の目と頭で確かに新発見だと納得するまでは疑い続けるのです。

２０１４年に、日本でＳＴＡＰ細胞事件が起こりました。この事件は、ある女性研究者が生体細胞を弱酸性の薬品に漬けるとか、細胞の環境の温度やＰＨを変化させるとかなどの化学的刺激を与えると、その細胞のＤＮＡは全能性（注＊）を発揮するようになるという、「生物学の常識を覆す画期的な発見」が発端でした。そんなに簡単な操作で細胞が初期化される（注＊）との発見は、「事実とすれば」まさに常識を覆す大発見であることは確かです。この研究者が若い女性であったこともあり、マスコミがこぞって大ニュースとして報道したため、日本中が大騒ぎになりました。発表者が若い女性であることが注目を浴びたなんてことは、ジェンダー（注＊＊）の観点から大いに問題なのですが、それは今は触れないことにします。

そのニュースが流れた翌日、私は講義中にこの報道について語り、「もし本当なら画期的発見だが、完全に独立な追試があってから信用しても遅くはない」と述べました。これほどの画期的な発見であるからには通常以上の証拠が揃《そろ》えられているはずで、それを彼女とは関係のない専門家が検証して太鼓判を押すまでは飛びつくべきではない、と思ったからです。科学研究の場は厳しい競争社会であり、功を焦って結果を完全に証明しないまま発表してしまうことを警戒したこともあります。講義を聞いていた学生たちは、単に私が妬んでいるに過ぎないと思ったかもしれませんが……。

2週間くらい経ってから、この論文に対する疑問があちこちから挙がるようになりました。最初は、使われている図版が別のテーマの論文で使われた図ではないか、データと結果の関係が整合的ではないのではないかとの指摘でした。やがて、研究で採られた手順の詳細な再現実験が行われたのに、発表通りの結果が得られないことが明らかにされました。調査委員会が正式に設置されて実験室の使用状況や実験ノートが詳しく調査され、その結果実験データやその証拠写真を捏造《ねつぞう》(でっち上げ)したことが明らかになり、結局この論文は撤回されることになりました。私が最初に言った通り、鵜呑みにするのは時期尚早であったのです。「科学的」であるためには、疑い深くなければならないことがわかると思います。

現在のような厳しい競争社会の早い者勝ちの時代では、論文内容を即座に受け入れ、その内容を踏み台にして次のステップに進んで、素早く研究するのが利巧だとされることがあります。いちいち疑っていたら遅れてしまい、競争に負けてしまうという理由からです。しかし、その内容が間違っていたら、それを踏み台にして書いた論文も当然無意味になるわけですから、空《むな》しい仕事と言わざるを得ません。科学は一段一段正しいと実証された事実であると確かめながら、次のステップへと進んでいく学問ですから、疑いつつ進むことが必然で、「鵜呑みにして安易な結論に走る」ことは「科学的」であるのと正反対なのです。

（注＊）人間はおよそ60兆個もの細胞から成り立ち、各細胞にはDNAの全セット（ゲノムと言います）が含まれていますが、実際に働いているのはその細胞の分化し特殊化した機能（働き・役割）に関わる部分だけです。しかし、何らかの化学的刺激によって、細胞のDNAの能力をすべて活性化させることができた場合、全能性（あるいは多能性）を獲得したと言います。STAP細胞とは、「刺激惹起性多能性獲得細胞《しげきじゃっきせいたのうせいかくとくさいぼう》」の英語の略称で、刺激を与えることによって多能性を獲得した細胞という意味です。細胞が機能分化した状態から、全能性を獲得させることを「初期化」と言います。

（注＊＊）男性・女性というふうに人間を性で区別する場合、生物学的な性別を示すのがセックスですが、社会的・文化的な慣習や伝統や歴史や偏見などによって形成される性別をジェンダーと言います。一番身近な「男だから」とか「女だから」、「男らしい」とか「女らしい」という言い方で男女差別をしたり、男女の生き方を決めつけたりするのは、ジェンダー問題の重要なテーマとなっています。

不愉快でも事実を受け入れること

物事を「科学的」に進めるためには、真実として認められた事実は、たとえ自分が不愉快でも正直に受け入れなければなりません。そうすることで、互いに共通する事実を足場にして互いの意見を出し合い、どうすべきかの次のステップへと進むことが可能になるからです。それが「科学的」な議論を進める基本条件と言えるでしょう。

ところが、自分の気に入らない事実や自分の主張と相いれないような事実があると、それを意識的に避けて認めまいとする、あるいはそれを歪曲《わいきょく》して違った意味に解釈する、というような態度をとる人がいます。そのような場合には、話し合うための共通の土台がなくなり、すれ違うばかりで、建設的で「科学的」な議論にはなりません。

実際に私が経験したのは、原発事故が起こったとき、ある経済人が事故の真相については深入りせず、もっぱら日本の生産力を維持するためには原発はどうしても必要だ、と強調するばかりだったということがあります。原発事故を厳しく追及することは日本の未来を危うくするものであると言い、事故は天災のせいだから原因を追及しても仕方がない、早く原発を再稼働させないと日本経済はダメになる、と主張するのです。彼にとっては事故原因について云々《うんぬん》することは時間のムダであり、それを問題にしようとする人の言うことには聞く耳を持たず、ひたすら自分のペースに議論を引き込もうとしているのです。原発が欠陥技術であると言われることを好まず、問題の焦点をそこから切り離すことが目的で、日本経済の話を持ち出すのです。それによって相手にある種の強迫観念を抱かせ、反論しにくくさせるのでフェアな議論とは言えません。

これは原発問題に限ったことではなく、世論が二分するような問題において、政治家や財界寄りの権力に近い人において共通する傾向で、自分たちの主張が思い通りに進まないとき、それに同意しない意見を述べる人に対して浴びせる偏った議論に多く見受けられます。そのような人は、一般に何事でも自分の思い通りに進んできたことが多く、どうせ自分の言う通りになるのだから、ぐだぐだ言わずに受け入れろ、という言い方になり勝ちです。彼らの主張の限界や問題点をいくら指摘しても受け入れないのです。真摯に自分の意見の限界や不合理な点を認めない人とは「科学的」な議論ができないことは明白なのですが、日本ではそのような議論に決着をつけないまま政治が進んでいくことが多くあります。

これは私の愚痴ですが、国の政治がもっと「科学的」であることを望みたいと思っています。

「科学的」であるためには、まず何を問題にするかの焦点を絞り、好むと好まざるとにかかわらず、その問題に対して真剣に向き合い、道理や理屈にかなった論理に従って議論・考察が進められなければなりません。自分の気に入らないからと、意識的に異なった問題を持ち込み、話の筋道を混乱させる態度はフェアではありません。その場合、問題をわからなくさせてしまうとか、別の問題にすり替えてしまうというような魂胆があると思った方がいいでしょう。

科学の知識量ではないこと

「科学的」に考えるためには、科学そのものについての知識が豊富でなければならないと思いがちですが、そういうわけではないことを言っておきたいと思います。むろん、たとえば薬害の原因を追及して薬がどのように体に作用するかとか、原発におけるエネルギー発生の仕組みとその制御の仕方とかのような、専門的な内容について実際の仕組みはどうなっていて、なぜ事故が生じ被害が発生したかの筋道をたどることができるだけの知識が必要なことは多くあります。また薬害や原発事故の詳細が争点になった場合、その基本原理と現実に採用されていた手法の差異（食い違い）を押さえておくに越したことはありません。事故の原因が、そこにあることが多いためです。

しかし、必ずしも予《あらかじ》めすべて知っておく必要はなく、時間をかけてその中身を学ぶなかで、各段落のキーポイントは何か、そのキーポイントを結び付ける仕組みは何であるか、そのどこに問題があって事故が起こり、被害が生じるに至ったのか、というふうに一連の論理を自分のものにできるかがもっと重要です。このことは、薬害や原発事故などだけに留まることではなく、どのような問題についても「科学的」に考える上で重要な思考の流れであって、科学の知識量が不可欠というわけではないのです。一連の論理をきちんと追究していく「脳力」は必要で、先入観や偏見のない常識的なものの見方や、私情に惑わされず論理的に考えることができる力が大切であると言えるでしょう。

最近、第二次世界大戦中の作家や評論家10人ばかりの日記を読む機会があったのですが、読みながら科学的に考えることができた人とそうでない人の区別がなぜ生じたのだろうか、と考え込まざるを得ませんでした。日記も残した人のほとんどが文系の人で、科学の訓練を得ていない人が多かったのですが、それでも科学的な思考ができた人、できなかった人というふうに大きな差があったからです。

特に、戦争が長びくにつれ、国内の穀物などの物資が不足するようになって米の配給（国が管理して国民に割り当てて配ること）が遅れるようになり、他方では鉄や銅などの生産が逼迫《ひっぱく》して手元にあるあらゆる金属類の供出（国の求めに応じて差し出すこと）を求められるようになりました。ガソリンが不足して松根油《しょうこんゆ》を採取して使わざるを得なくなり、やがて木炭自動車になり、軍事基地や軍需工場のみならず都市も空襲によって爆撃され、最後にはジュラルミンが不足して木製の飛行機まで試作されるようになるという具合で、日本は米軍の攻撃に追い詰められました。

そのような状況になると、「科学的」に考える人間なら誰でも、もはやこの戦争は負けるであろうと察したはずです。「科学的」と大げさに言わなくても、戦争を遂行するだけの物資が足りなくなっており、敵の飛行機が平気で日本の上空に侵入できるのだから、常識を持つ人間の多くは、日本は負けると考え始めました。竹槍《たけやり》で大砲や爆撃機に歯向かって勝てるはずがないのはわかりきったことであるからです。ところが、それにもかかわらず、日本は勝つと信じていた人もいました。「神州（神の国）不滅」であり、「大和魂」は何にも負けないと信じ込んでいたのです。そのような精神教育がずっと行われてきたためでしょう。

それでもある作家は、どう考えても日本はこの戦争に勝つはずがないと思っていました。特に、東南アジアに慰問に出かけてアメリカ映画を見て（日本国内では英米など対戦国作品の上映は禁じられていました）、こんな素晴らしい映画を作れる国に日本は勝てないだろうと、かなり初期（1943年）の段階から予測していたのです。国の一方的な宣伝だけでなく、異なった観点からの意見や情報を得ることで視野が広がり、客観的・常識的な見方ができたことがわかりますね。事実を素直に受け入れることができたのです。

ところが、あるSF作家は科学的知識を豊富に持っている人でしたが、健全な常識に欠けており、一途に日本の勝利を信じ込んでいて、戦争に負けたと知ったとき死のうとさえしました。科学の知識の量をいくら多く持っていたとしても、その知識を生かして正しい判断に導く思慮・分別が欠けていれば、それは生かされないということがよくわかります。このSF作家は、「科学的」判断ができず、日本が負けるという事実を受け入れられなかったのです。

これら作家たちの戦争への対応を見ると、「科学的」な人間とは、科学の知識を多く持っている人ではなく、表面的な事柄にとらわれずに内実をじっくり想像できる人、精神の働きが自由で何事にも捕らわれない発想ができる人、客観的な情報を得て全体を見渡せる人であるということがわかるのではないでしょうか。

「科学的」とは──まとめ

科学とは、第1章で述べたように、目の前の現象がどのように生じてきたかを、物質の性質や運動によって実証し（観察や実験で証明する、思考によって論証する）、体系的に（統一的な描像で）説明することです。通常は、手に入る現象のデータに対して、過不足なく説明できるように考えた仮説を置き、その仮説から理論的に導き出した結果が実験・観察・計算・論理によって正しいことがわかれば、それをきちんと法則という形で表現することにより科学的真実となります。正しくないことが明らかにされれば、仮説を変更・修正して再度この作業を行い、真実に到達するまで繰り返すわけです。それが科学の研究の実態なのです。このような科学の方法は、実は人がふと「××はなぜだろう」と考えたときに、自然のうちに採用している考え方と同じであることがわかると思います。明確に「科学的」と断って言う場合には、仮説─実証─法則の流れを意識し、明示することが必要になります。

逆に、「科学的」な考え方が成り立たない場合として、

（1）出発するときに依拠する事実が正しくないとき、
（2）個人の願望や私情に基づく不合理な推論がはさまるとき、
（3）誰に対しても等しく成立する原理ではなく、自分本位の理屈で推論を捻じ曲げるとき、
（4）説明が統一的でなく、一例にのみ当てはまるとか、その場限りの仮定を持ち込むとき、
（5）仮説―実証―法則という科学の流れを無視して、厳密な実証抜きのまま仮説を真実とするとき、

などがあります。このことを押さえておけば、「科学的ではない」と批判するときは、何が問題であるかを指摘することができるでしょう。

そして、科学には「絶対」はなく、現在の真実を超えるような、より一般的な真実がありうるという姿勢を忘れてはなりません。「科学的」に考えようとする者はいかなる事柄に対しても「疑い深く」なければならないのです。また、科学の一面の真実に固執してはなりません。より多面的な側面からの新たな真実が見つかるかもしれないからで

す。といって、不可知論（真実には到達できない、真実は認識できない、真実は実在しないとの立場）に陥ってはならないことは言うまでもないことです。すぐに真実に到達できなくても、常に仮説を実証するという手順を積み重ねながら、あくまで真実を追求することを諦めてはならないからです。

もっとも、提起されている問題には、科学に問うことはできても科学で答えることができない問題もたくさんあります。これを「トランスサイエンス問題」と言い、何らかの答えを得ようとすれば、科学以外の論理を持ち込まねばならないのです。そんな問題もあることを知っておくべきでしょう。何事であれ、科学によって明快な答えが得られると思うことは傲慢であるかもしれないからです。

たとえば、建築物の地震に対する安全基準をどこにおくか、の問題があります。安全基準が甘すぎれば意味がないし、厳しすぎれば費用がかかり過ぎて建築物はできないということになります。どこに線を引くかは、科学・技術のレベルで決まるのではなく、社会的・経済的条件で決まるのです。

さらに、地震など原発の安全基準をどこにおくべきかの難問が控えています。一般の建築物と同じ安全基準でよいのでしょうか。それとも、危険な放射能をたくさん抱え込んでいて、いったん事故が起これば大きな被害を及ぼすので、特に厳しい安全基準を課す必要があるのでしょうか。そもそも安全基準を考える以前に、原発は建設すべきではないのでしょうか。といって、いかなるエネルギー源にも欠陥はあり、原発も例外ではありません。そのどれを選択するかは、社会の判断に任されています。科学では判断できないのです。

あるいは、科学においては数多くの事象を集めて統計をとり、それから導かれる確率でしか論じられない問題が多数あります。科学は、物質系における誰にでも通用する普遍的な真理を追究し、現実に生じた出来事に関する説明を与えるものですから、個々の人間の特性とか、自分の未来がどうなるか、という特殊な個人やその将来は科学では決められません。そのような問題に関しては、多くの似たようなケースを調べて、ある事柄が起こる確率はどれくらいであるか、という答えしか導けません。その結果から、どういう判断をするかは個々人に任されており、科学では何も言えないのです。

たとえば、ある女子学生が自分は数学を研究する道に進みたいけれど、数学の成績の統計をとると女性の平均点は男性より低い、だから女性である私が数学で成功する確率は低く、進路先として数学を選ぶのはよくないのかしら、と悩んでいる人がいるとしましょう。実際、そんな相談に来る女子学生がいました。私は、「性差より個人差」と答えていました。多数のサンプルを取ると平均点が出せ、女性より男性の方が平均点が高いという結果はデータとしてあるけれど、それが個人に適用されるわけではない。背の高さの分布を取ったとき、男性の平均の方が女性より高いのと同じで、それは個々人の背の高さを性別で判断するのはおかしいと誰でもわかるでしょう。数学の能力だって同じことで、性別の平均値で個々の人間の特性まで判断することはできないのです。統計や確率は全体の傾向を測るための有力な方法ですが、バイアスもあるし、個々のケースには適用できないのです(この数学の統計データには、女性より男性の方が数学に進むことが奨励される割合が多いというバイアスが入っています)。

ある重篤な病気になったとき、手術の成功率は70%だと言われたら、私たちはどう判断するのが正解なのでしょうか。手術の成功率が70%と高いから手術を受けるべきか、30%の失敗確率があるのだから手術を受けないか、と迷いますね。手術が70%だけ成功して、30％は失敗だったということにはならず、手術が１００％成功するか、成功率が０％で失敗するかの結果になるしかありません。そのため、私たちは家庭のさまざまな状況や手術費用との兼ね合いなど、客観情勢を考えて手術をするかどうかを選択することになります。成功率70％という科学的な知見は参考にしますが、最終決定には別の要素も考え合わせるしかないのです。

30年以内に地震が起こる確率は30％だと推定されたりしています。地震確率がわかっても、いつ、どこで、どんな規模でおこるかまったくわかりませんから、この地震確率は何を意味しているのでしょうか。地震確率が70％だからより念入りに対策を用意し、30％だったら準備はおざなりでよい、というわけにはいきません。地震確率がいくらであろうと、私たちはいつ地震に襲われても困らないだけの備えをしなければなりません。地震の到来については、確率で示してはいますが、実は何も言えないのですから。

このように確率に関わる問題にはいろんなレベルがあり、私たちは、とことん「科学的」に詰めて考え、最終的には別の論理を持ち込んで対応するしかありません。それについては第5章で改めて述べる予定です。

第4章　科学の二面性

いかなる物事にもプラスとマイナスの側面があります。光があれば必ず影が生じるように、長所と短所、正と負、善と悪は裏腹の関係で、この二面性は切り離せません。本章では、科学・技術の成果や使い方についての二面性を考えてみたいと思います。

その二面性の第一は、科学・技術の直接的な効能（利得）と弊害（損失）です。科学・技術は、私たちの生活を便利で効率的で健康なものにしてくれましたが、福島原発においては現代の技術の不十分さに起因した大事故が引き起こされました。あるいは農薬や薬の毒性や過剰な使い方による中毒・薬害事件といった弊害も多くあります。今後、AI（人工知能）技術や生物の遺伝子操作技術が拡大していくと、人間の生活環境や遺伝的資質に対して、どのような効能と弊害が生じるか予想がつかず、簡単に答えが出せないことも心配です。先行きの見通しが立たないのが実情ですから。

二つ目は、科学・技術の使用形態で、私たちの生活など社会一般に広く使われる民生利用と、戦争に勝利するために使われる軍事利用があります。ナイフがリンゴの皮を剝《む》く便利な民生の道具であるとともに、人を刺し殺すための恐ろしい武器にもなるのと同様、一つの技術が人を活かす民生のためにも、人を殺す軍事のためにも使われるのです。現在、このことは「デュアルユース（軍民両用の二面的使用）」と言われているのですが、技術の民生と軍事の両面に使われることについての考察が必要です。

さらに三つ目として、科学・技術の目的として、経済に役に立つ科学と経済に役に立たない科学という二面性もあります。経済論理に追随した科学の展開か、経済論理とは無関係な文化のための科学か、という二面性です。ピカソの絵やモーツァルトなどの芸術作品は私たちの精神的楽しみとして役に立ちますが、それが無くても実生活を送ることができます。まさに文化とはこういうものですね。それと同様、宇宙や素粒子の研究のように直接生産や商売の役に立たない文化としての科学があります。他方では、ＡＩ（人工知能）やロボットや遺伝子操作のような産業と結びついて経済に役に立つ科学は大いに歓迎されています。そのいずれを選択するかは、私たちがどんな世界を望んでいるかにかかっていると言えそうです。

以上のように、科学・技術にはさまざまな側面があり、評価の視点によってはまったく反対の判断になってしまうことになります。ここで科学・技術の二面性を論じるのは、一つの指標・視点だけで科学・技術の価値を決めてしまってはならない、ということを強調するためです。科学・技術が持つ多様な側面を幅広い観点から見ることの大事さを強調したいのです。

科学・技術の社会的受容：効能と弊害

科学で見出された原理や法則を、実際の物質に適用して人間にとって役に立つ人工物を創造するのが技術です。人間にとって役に立つということは、人々の生活を向上させて健康で文化的な生活を送れること、さまざまな道具や機械を作って人々が便利で効率的な暮らしができること、エネルギーや資源を有効に利用して生産力を上げ、豊かな消費生活が実現できること、というような点が挙げられるでしょうか。しかし、それがマイナスに作用して健康被害や大事故が引き起こされ、人々を苦しめ死を招くことすらあります。役に立たないどころか、害悪になる可能性もあるのです。

プラスの成果：効能

歴史を振り返って見れば、科学と技術が緊密に結び合った結果、人々の生活環境が上昇してきたことは明らかです。エアコンが完備した住環境となり、栄養不足が克服されて寿命が延び、病気になると治療が受けられて健康が回復でき、食糧増産が可能になって地球上に75億人もの人間が養え、飛行機や電車の発明で人間や物資を遠くへ速く輸送することができ、大量生産で衣料や生活必需品が安く手に入れられ、コンピューターによって効率的に機械を動かし、というふうに科学・技術がもたらしてくれた効能は数多くあります。1000年前、500年前、100年前、50年前と比べれば、技術が加速度的に（時間が経つほどより大きく急速に）進歩してきたことがわかるでしょう。

私たちの身近な道具でも、眼鏡は眼の能力（視力）の不足を補って字や景色がよく見えるようになり、自転車・車・電車・飛行機は足の能力を拡大して私たちの行動半径を大きく広げ、鉛筆や万年筆やボールペンは字を書く手段を豊かにして手の能力を格段に上昇させ、電話はケータイになりスマホになって音声だけでなく大量のデータを送受信でき、計算機やコンピューターは複雑な計算や多量のデータの処理を高速でこなすようになって脳の能力を広げています。このように、道具や機械を使うことによって人間が持つさまざまな能力を何千倍にも拡大するとともに、私たちの生活領域のみならず知覚領域も大きく広げ、多くの人々と結びつき交流する機会が増え、世界の見方も狭い地域に閉じられた目から地球大へと開かれるようになりました。

このように科学・技術の成果は、人々のこれまでの狭い社会観や人間観を大きく広げて新しい可能性を拓《ひら》き、限られた個人の経験のみに止《とど》まっていた歴史観や文明観を根底から広げさせ、多様に展開する世界を見て自然観や宇宙観を新たに構築し直す、というふうに人類の生き方について根本的に重要な思想や哲学の変革の契機を与えてきたのです。科学・技術が単に道具や機械やインフラなどの人工物を通じて便利で機能的な社会をもたらしたことだけでなく、それによって人類の思考様式や文明の形態にまで革命を促すことになったと言えるでしょう。つまり、科学・技術が人間を取り巻く物質世界の変革を導いたとともに、それによって人間の精神世界を豊かにし、かつ知的領域を広大なものに拡大してきたというわけです。

マイナスの結果：弊害

このように科学・技術の効能は文明史にまで及ぶほど大きいのですが、他方ではその弊害も劣らず大きく、人類の存続を脅かすほどになっていることは否定できません。

その第一は、かつては地域的な問題として「公害」と呼ばれた行き過ぎた産業化による自然環境の汚染・悪化は、現在は一地域の課題から地球大に拡大して「地球環境問題」と呼ばれるようになり、それによって地球の気候変動を引き起こすまでになっています。その根源は、人類がこぞってCO_2を始めとする温室効果ガスを垂れ流しているためであり、廃棄物・排ガス処理などは経済論理に合わないとして後回しにしてきたことにあります。その結果として地球環境が悪化し、温暖化が進んで産業革命時と比べると平均気温は摂氏約1度上昇し、北極やシベリア・グリーンランドの氷山や氷床が溶け続け、海水の膨張による海水面の上昇が起こり始め、島礁諸国や埋め立て地は水没の危機が迫っています。台風（ハリケーン）の数と大きさが増大し、集中豪雨の頻度が増え、かつ強度が増す地域があれば、干天がよりいっそう長く続いて砂漠化が拡大している地域もありというふうに、地球上空の気流の流れが変わって気候変動が起こりつつあると指摘されています。このまま異変が続くと地球の存亡にかかわる事態に追い込まれていくでしょう。

他方、蓄積されている核兵器は減ったとはいえ未《いま》だ1万4千発を数え、いったん核戦争が起これば人間を始め地球のほとんどの生命が失われる危機は去っていません。2017年に締結された核兵器禁止条約（核禁条約）は三年も経ってやっと発効した有様です。核兵器保有国としてNPT（核兵器不拡散条約）に記載されているアメリカ、ロシア、イギリス、フランス、中国の五つの国はもちろんのこと、インド、パキスタン、イスラエル、北朝鮮なども核保有して核禁条約に反対しており、さらに日本やドイツやオーストラリアなどアメリカの核の傘にいる国々の反対・不参加があって、国際的な足並みが揃《そろ》っていないためです。現在は、「核抑止力」と称する、攻撃を受けたら核兵器によって反撃するとの脅しで敵からの攻撃を抑止する（諦《あきら》めさせる）ことによって平和が保たれていると言われていますが、ミスや不注意で核兵器が発射されて偶発的に核戦争が勃発する危険性もあり、まだ地球は危ない状況にあることを忘れてはなりません。核兵器こそ、科学・技術がもたらした最悪の兵器なのですが、人類は愚かにも核の廃絶ができないままなのです。

地球環境問題と核兵器問題が地球の未来にとって大きな脅威なのですが、その他いくつも科学・技術に起因する弊害があります。2011年3月11日の東北地方太平洋沖地震に伴って勃発した福島原発の炉心溶融（メルトダウン）事故は、現在の科学・技術のレベルが等身大のスケールではなくなり、いったん事故が起こると、とてつもなく大きな被害を引き起こすことを見せつけました。かつて寺田《てらだ》寅彦《とらひこ》（1878〜1935年）は「文明が進めば進むほど災害は大きくなる」と言いました。文明の進展とともに、地下街や高層ビルが建ち並んだ都市は画一化した姿となり、交通機関は高速で大量輸送を行い、海を埋め立てて高層建築を作り、地下街や高速道路を張り巡らし、というふうに脆弱《ぜいじゃく》な都市構造としてしまったために、いったん地震や津波などの天災が起これば被害は確実に増大することを予言したものです。

ましてや放射能という人体に危険な物質を大量に抱え込み、反応が進むにつれ危険な放射能が増えていく原発を日本では、海岸縁に何十基も建設したのですから、大きな危険と隣り合わせの生活を送ってきた（今も送っている）のが現状と言えるでしょう。原発が暴走し始めると水をぶっかけて原子炉を冷やすしか方法がありません。まさに欠陥技術なのですが、安定して大量の電気エネルギーが得られるとの長所に目がくらんで、重大な危険という短所を考えないまま原発の建設を進めてきたのです。人間はあらゆる危険を克服したと傲慢になっているのかもしれません。

また、世の中が便利になり効率化したことから、どんどん時間が加速され、私たちは忙しい生活を送るようになってしまいました。便利にするということは、それによって雑用に取られる時間が節約でき、私たちの自由時間が増えて、芸術や学問や趣味など自分の好きなことに余暇が使えるようになるはずでした。しかし、現実には次々しなければならないことが待っていて、好きなことに使える自由時間はかえって減る一方だし、「早くしなさい」と急《せ》かされるばかりです。「便利になればなるほど自由時間がなくなっている」のです。

それは人間が欲張りのため、あれもこれもとすべきことを詰め込むようになったためかもしれません。さらには、コンピューターでネットサーフィンし、スマホのいろんなアプリで遊ぶようになったように、科学・技術の成果を追いかけるのに時間が潰されていることもあるでしょう。便利さに付け込んでお金と時間を使わせるよう人を誘惑する技術も開発されているのです。事実、私たちは、技術を追いかけることに必死になり、その結果、技術にコントロールされる（操られる）存在になりかかっていると言えるでしょう。科学・技術の持つ魔の力を認識する必要がありそうですね。

そのことは、身近にあって日常的に使っている道具や機械が、私たち人間が持つ能力を拡大したという先に述べた効能とは裏腹の、人間が持つ固有の能力を奪っているという弊害があることを考えれば納得できるかもしれません。眼鏡は視力の弱い人間への福音ですが、眼鏡をかけるとどんどん度が進み、ますます視力が衰えるようになります。胃を手術して点滴で栄養を摂るようになると胃が食べ物を消化する能力が衰え、しばらくは薬の助けを得なければ栄養が摂れません。エアコンのおかげで猛暑を凌《しの》ぐことができるようになりましたが、体の汗をかく能力が衰えたため、温度が高い所に行っても汗をかかなくなり、そのため熱が体内に籠って熱中症になってしまう患者が増えました。

これらは、いずれも人間の肉体は怠け者にできていて、その部分を使わないと衰えて能力が低下してしまうことを物語っています。つまり、道具や機械が私たちの持つ能力を肩代わりするようになると、人間が本来的に持つ固有の能力を失っていくということを意味しているのです。実際、計算機を使うようになって暗算や筆算ができなくなったとか、コンピューターでワープロ機能を使うようになって漢字が思い出せなくなった、ということを多くの人が言っています。ある地域で、バスが廃止になって自家用車ばかりに乗るようになった結果、糖尿病患者が増えたというデータもあります。便利さばかりを追求していると、私たちは無能力人間になりかねないという警告です。

最近、私に対して高校生たちの集会で「科学から見た人類絶滅」について講演するよう依頼がありました。高校生が人類絶滅のことを頭に浮かべていることにちょっと驚いたのですが、今のまま野放図に生きていたら人類が絶滅するかもしれない、と心配する若者たちが増えてきたためではないかと思いました。あまりに社会の変化が速いため、それについて行くのは大変、と感じているためかもしれません。そこで私は、「人類が開発した科学・技術が原因となって人類絶滅を招く可能性」として、以下の六つの問題点を挙げてみました。

（1）環境異変：地球環境の悪化が異常気象を招いて農作物の不作が続き、二酸化炭素の増加によって灼熱地獄《しゃくねつじごく》となり、環境ホルモン作用により人類が弱体化し、病気が蔓延《まんえん》して絶滅する。

（2）戦争技術の拡大：核兵器が廃棄できないまま核戦争が起こったり、キラーロボットのような自律型ＡＩ（人工知能）兵器が登場して人類の制御が利かなくなったり、生態系を改変して不妊のメスばかりに変えてしまうような大量破壊生物兵器が開発されたりするというような、人類自身が危険な兵器を作り出して自らを殺傷して絶滅する。

（3）資源獲得戦争の勃発：化石燃料・地下資源が枯渇に向かっており、特に人工繊維や人工樹脂や医薬品や油脂や塗料などに使われている万能の素材の石油や、レアーアースのような非常に役に立つが希少な金属資源などの獲得をめぐって世界中で大戦争が起こり、人類が互いに殺し合い、地球を放射能汚染してしまい絶滅する。

（4）遺伝子操作の安易な使用：遺伝子改変技術が非常に簡単になり、人間の勝手な都合で動植物や人間自身の遺伝子を書き換えることで、生物進化が自然選択から人為選択になって人類の遺伝子の健全性が失われて絶滅する。クローン人間の作成や人体の改造によって人間のコピーや代用人間ができるようになると、人間の差別が生じて必然的に不安定な社会になっていく危険性もあり得るだろう。
（5）細菌・ウイルスの反乱：抗生物質への耐性が強まって治療できない細菌病が増加しているとともに、エボラ出血熱ウイルスのようなこれまで隠れていた悪性のウイルスが密林の開発によって人間社会に姿を現している。さらに、遺伝子操作や合成生物学や生物兵器作成によって人間の手で新たに合成された殺人ウイルスが出現するなど、人類が制御できない細菌やウイルスが蔓延して絶滅する。
（6）技術の恩恵の結果、かえって人類がひ弱になる：技術により人間固有の能力を喪失する一方、人類は技術を抜きにして生きられなくなり、世界中の人類が同じような暮らしをするようになって、ヒトの一様化や農作物の一様化が進んで、伝染病によって一気に絶滅する。

この六つの人類絶滅のストーリーは、いずれも私たちが謳歌《おうか》している科学・技術がもたらした成果が原因となっています。むろん、極端な状況を考えているため、そんなことにはならないだろうと誰もが思うでしょう。しかし、「蟻《あり》の一穴」という言葉もあるように、最初は小さな綻びに過ぎなかったのが、それがもとになって取り返しがつかない危険へとどんどん発展し拡大してゆくことがあります。私も、人類の絶滅はそう簡単には起らないとは思いますが、何が引き金（原因）となって、どのように展開していくかわかりません。だから、私たちは、さまざまな状況や原因を想像し、そのような大惨事にならないよう気をつけるに越したことはないのです。私たちは科学・技術に過剰に依存せず、節度を持って慎重に対処し、常に人間の手でコントロールできる範囲にとどめておくべきであると言えそうです。

以上のように、科学・技術がもたらす効能と弊害の二面性は、地球規模から個人のレベルまで、文明の問題からささやかな日常の習慣の問題まで、幅広い範囲の諸問題が地球の持続可能性と絶滅の可能性にまで及ぶことがわかりますね。科学・技術は、私たちの生き様や考え方、そして人間的能力にまで大きな影響を与えており、単純に善悪とか長短とか正負というふうに言えそうにありません。表裏一体なのです。それだけに、私たちは科学・技術のさまざまな成果をじっくり吟味しながら採否を考えるクセを身につける必要がありそうです。

科学・技術の使用形態：民生と軍事

昔から知られていたのに、最近になって特に強調されるようになったのが、「科学・技術のデュアルユース（軍民両用の二面的使用）」という言葉です。端的には、同じ一つの技術であっても、平和や人々の幸福のための民生利用と、戦争のための兵器や軍の装備のための軍事利用、の二通りの使い方があることを意味しています。野球の道具であるバットは、人を殴り倒せる危険な道具ともなるので、バットを作る技術は「軍民両用技術」なのです。むろん、ネクタイだってお洒落《しゃれ》のためのアクセサリーですが、首を絞めて人を殺すことができますから、大げさですがやはり軍民両用技術の産物ということになります。このように考えると、あらゆる技術がデュアルユース（軍民両用）ということがわかるでしょう。

軍事利用から民生利用へ

ロケットは科学衛星を打ち上げて研究のために使われますが、核ミサイルの打ち上げで戦争に寄与します。コンピューターは科学計算のためにもミサイルの軌道計算にも使えることはわかりきったことです。ロケットやコンピューターはもちろんのこと、レーダー(野球のボールや戦闘機など飛行する物体の位置や速度を測定する装置)、ドローン(無人飛行体のことで、人間が行けない僻地《へきち》の上空写真を撮ったり物品を運んだりできるとともに、偵察機・爆撃機にも使われる)、インターネット(通信が途切れてもネットワークを通じて必ず通信者間の連絡が繋《つな》がるようにしたシステム)、GPSによる位置決定法(多数の人工衛星からの電波を受けて潜水艦や軍隊や車の位置を決定する手法、カーナビに使われている)、原子炉の利用(まず原爆の材料であるプルトニウム生産のために開発され、やがて潜水艦の動力用に応用され、それが陸揚げされて発電機と一体化したものが原発)など、数々の近代技術の産物は軍民両用であり、ここに書いたすべては軍事開発でまず実用化され、その後に民間に開放されて民生利用されるようになりました。

そういえば、ボールペンはトラックで移動中の兵士が揺れてもインキを飛ばさずに手紙が書けるよう、スプレーはジャングルに兵士が入っても蚊や蠅《はえ》などの虫の攻撃から防げるよう、瓶詰や缶詰は戦場まで運べて長期に保存できる補給用食品として、血液製剤は負傷した兵士に輸血するため、というふうに軍事目的のために発明された後に民生利用された製品が数多くあります。まさに技術は軍民両用ですから、軍事利用から民生利用へと転用されたものが多くあるのです。そのため、あたかも戦争のための軍事開発が発明を先導したように見えるので、「戦争は発明の母」とまで言う人がいます。そうでしょうか？

確かに、数多くの製品が軍事や戦争のために開発されたことは事実です。なぜ、それが可能であったかと言えば、軍なら戦争に勝つために必要なものは金に糸目をつけずに開発を行うことができたためです。民間で開発しようと思えば、生産設備を揃えるために莫大《ばくだい》な初期投資が必要であり、採算がとれる見込みがなければ実行できません。経済的合理性（つまり投資した金が回収でき、さらに儲《もう》けることができるか）の考慮が先に立つので、思いついたらすぐに手を出すというわけにはいかないのです。

しかし、軍隊では経済性を考える必要はなく（税金で賄われているのですが、採算抜きです）、兵士の要望があることを理由にし（現場の多数の兵士が求めていると財政当局に強く言える）、何より軍を強化することを最優先しますから（常に敵に勝る戦力を保持しようとし、そのための投資は惜しまない）、軍が新しいものを開発することが多いのです。特に、戦争に勝利するために是非必要だと強調されると誰も反対できません。反対しようものなら、「戦争に負けてもいいのか？」と脅迫されることになりますから。

一般には、「必要は発明の母」と言われます。世間に「こういうものがあればもっと便利になるのに」という必要があり、それに対する需要が見込まれると、何とかして作り出そうとの意欲が働いて発明につながるためです。そして、いったん発明されると欲望が刺激され、「こうなればもっといいのに」というような新たな必要が喚起され、新たな発明に繋がっていくということがよく起こります。この場合は、必要と発明の順序が逆転し「発明は必要の母」に転化します。

その代表例が、固定電話⇒ポケットベル⇒自動車電話⇒携帯電話⇒スマホ、というふうに進化してきた携帯用端末でしょう。長い間、電話器は固定された場所に置かれており、その場所にいないと電話で話せませんでした。そこで、「電話器がある場所から離れていても呼び出せたらいいのに」という必要性から、まずポケットベルが工夫されて呼び出せるようになりました。電話器が置かれた場所に人間を呼びよせるため無線の呼び出しベルが発明されたのです。そのうちに、「同じ無線を使うなら電話器そのものを人間とともに移動するようにすれば、いつでも、どこでも直接話せる」ということに目をつけて、電話機が自動車に設置され、やがて携帯電話となりました。すると、「音声が送れるのなら音楽や映像も送れたらいいのに」と欲望が拡大してさらに進化し、写真が撮れ、インターネットにも繋がり、本も読める多機能のスマートフォン（スマホ）が発明され、今や持ち運びできる小型パソコンと言えるまでになりました。必要と発明は二人三脚で進むのです。

余計なことですが、この場合に用心すべきことを言っておきましょう。企業が金儲けのために余分な機能をつけて売り出し、消費者もあたかも自分はそれを必要としていたと錯覚して、その商品を購入するようになるということです。そのため、実際にはたいして必要としない機能までついた商品を高いお金を払って買うということになります。どうでもよい発明が企業の宣伝によって欲望を刺激して、必要であると誤認させるという関係でしょうか。企業の戦略に乗せられているのです。

その典型が電子レンジでしょう。わが家では、電子レンジの99%まで加熱でチンするだけで、ケーキ作りや茶わん蒸しなど20近くもの機能があっても使ったことがありません。また、私は携帯電話では通話とメールの送受信しか使わないのでシンプルなガラケーでよいのですが、現在発売されている機種にはたくさんの機能がついていて戸惑うばかりです。そもそも、多機能にするための資源を無駄遣いしている上に、多機能にしたために壊れやすくて寿命が短くなります。ところが、消費者は新しい機能が付いている新製品が出ると（それを使わないのに）欲しくなる、というわけで多機能にするのは企業が売り上げを伸ばすための陰謀であると思っています。

言わなくてもいいことなのですが、実はこのような観点は必要と発明の関係を「科学的」に考えた結果として明らかになってくることで、「人間の心理」と「企業の戦略」と「技術の進化」の合作だと見抜くことができるのではないでしょうか。

「戦争は発明の母」というのは、戦争という緊急事態になると、勝利のためにあらゆるものを動員しようということになり、兵士からの要求があれば、すべて必要だとして開発にかかるということになるからです。先に述べたボールペンやスプレーや瓶詰や缶詰は、現在の私たちの日常生活に大いに役に立っていますが、それらは戦場という過酷な条件の中で求められた必要性から生まれたものです。私たちの日々の生活でもそれらがあれば便利ですから、戦争がなくてもいずれ発明されたとは思います。しかし、戦場における必要性が強くあったことは事実であり、戦争勝利のためという絶対的な要求（必要性）から発明が加速されたという関係になると思われます。本質的には、やはり「必要は発明の母」なのです。

インターネットやGPS（カーナビ）やコンピューターなどが、軍によって開発され、それが民間に開放されて世の中が便利になり、私たちの生活を豊かにしたのだから、私たちは軍に感謝しなければならないと思う人がいるかもしれません。しかし、それは間違っています。

軍は、国民の税金でそれらを開発したのだから、本来はみんなが使えるよう国民に開放するのが当然であるからです。ところが、軍は国民の便宜を考えてわざわざ開放しているわけではなく、国民の支持を得るための宣伝の手段として、これらを開放しているに過ぎないのです。というのは、軍が開放している技術はいわゆる「賞味期限が過ぎた」ものであるためです。

「賞味期限が過ぎた」という形容は、開発してから十分長く軍の装備として使ってきたため、技術的なノウハウは一般にもよく知られるようになっており、もはや秘密にする理由がなくなったという意味です。コンピューターやインターネットがその典型で、民間でも技術開発が進んでいて、軍の独占的な立場が崩れつつあったので開放することにしたのです。あるいは、より便利で使いやすく、より効率的な新技術が開発され、古い技術が用無しになった場合もあります。ＧＰＳがそうで、アメリカ軍としてより正確に位置決めが行えるＧＰＳの秘密通信システムに移行したため、旧来のシステムをオープンにしたとされています。また、アメリカに続いて中国がＧＰＳ開発を終えて世界にサービスを開始すると伝えられており、もはやＧＰＳ技術の基本原理は誰にとっても既知で、多数の人工衛星を打ち上げることさえできればサービスの提供が可能となっていることもあります。

見方を換えると、軍が豊富な資金を使って開発した技術で民間に開放されていないものはたくさんあるはずで、それらは軍事上の機密として秘匿されたままになっていると思われます。軍は自分たちの都合で公開するものを選んでおり、決して私たち国民のためを考えて公開しているわけではないのです。

失敗の開発は公表されない

さらに言っておかねばならないことは、軍が開発した物に便利なものがたくさんあるのは確かですが、そのように成功したものばかりというわけではないと考えるべきでしょう。開発に失敗した数多くの未完成品や膨大な金をかけても使い物にならなかった失敗例も多数あるはずですから。しかし、これらは闇から闇に葬られてしまい人々に知られることがありません。新たな装備品の開発と称して資金と資源とエネルギーと人間の才能をつぎ込んで、結局使われないまま膨大な無駄遣いとなってしまった例を軍はさんざん経験しているのではないかと思います。そんなことを軍が公開するはずがないのですから、成功品だけに騙《だま》されてはいけません。

軍事装備品は、一般に、高い性能が求められ、安全性は二の次になります。設備の替えは利かないが、人間（兵士）の替えはいくらでもあるので、兵士の安全のための配慮はしないのです。軍では、暴発の危険性が大きくても命中率の高い銃は採用されるが、暴発の危険性は小さくても、命中率の低い銃は採用されないのです。

装備品の開発費用は潤沢ですから一品ずつ製作されるし、敵より少しでも「技術的に優越」することが求められるので、その製作のノウハウは機密になります。特に、新戦略の下で新しい技術を応用した新装備品のための技術は独占しておかねばならず、「機微技術」として限られた人間や企業にしか公開されません（そこから外れた企業は置き去りにされるわけです）。いざ戦争が始まると機微技術を持った企業は、需要が増えた新装備品の独占的生産にありつきますから、大きな儲けが期待できます。しかし、新たにより有効な装備品が開発されると、これまでは機微技術であっても古びたものとみなされ、もはや使われることがなく廃棄されてしまうので、企業は儲けに繋げられません。企業は軍事装備品の開発・製造で金儲けすることを狙っていますが、かなり危険な商売であるのも事実なのです。

他方、民生品は軍事装備品ほどの高い性能は求められませんが、安全であることと安価であることが必要条件で、さらに環境問題から省資源・省エネルギーであることも強く要請されるようになっています。そのため、大量生産・大量販売のルートに乗せて効率的な販売体制を採用するために努力します。それが成功すれば、かなり長期にわたって需要が見込まれ、企業は安定した経営を続けることができるでしょう。企業が軍事装備品と民生用品の双方を経営戦略に入れているのは、軍事装備品と民生用品の技術・販売・売り上げにおいて、それぞれ異なった特徴があるためです。

民生用品の開発で成功するには「特許」戦略が不可欠です。特許によってノウハウ（技術的知識や製品情報）の独占の権利が保障されるとともに、莫大な特許料を得ることが目的であるのは当然です。さらに、特許では技術内容を公開しますから、より広く普及することになり、よりよい技術に鍛えられていく可能性も開かれます。それによってよりよい製品に仕上げられれば企業にとってもプラスになることなので、一般に企業は早く特許を取って新製品を早く売り出すことを望みます。そうすることでより大きな収益につなげたいわけです。民生用品開発の特徴と言えるでしょう（例外的に、旧製品の方が儲けが多いと予想される場合は、特許を秘匿したり破棄したりする場合もあるそうです）。

元々「デュアルユース」という言葉は、アメリカの企業の工場の生産ラインを、普段は民生用品の製造に使っているのだが、戦争が起こると軍事装備品製造のために転用し、戦争が終わるとまた民生用品製造に戻すということに由来するようです。一つの生産ラインがデュアル（二通り）に使われるためです。しかし、今やアメリカでは、軍需産業と軍とが強く結びついて「軍産複合体」と呼ばれるようになり、政府や議会に強い圧力をかけて軍事予算を獲得するという政治がまかり通っています。そのため生産ラインは軍事装備品製造のみとなっており、デュアルユースではなくなったと言われています。

他方、日本の企業の多くは戦後長い間軍事生産を行わず、平和的な民生のための生産に特化してきたため、まだ軍事生産に本格的に取り組む状況ではありません。とはいえ、企業は軍にすり寄って装備開発の受注に鎬《しのぎ》を削るか（軍を顧客とした少量生産の場合、儲けは多いが特許が取れない）、特許の取得を考えて軍事生産に手を出さないか（特許でノウハウを公開して大量生産し、一般消費者を顧客として安定した儲けを狙う）、その選択を思案する状況が続いています。全面的に軍需のみに依存する企業はまだ少ない状況ですが、日本の軍事費は年々増額されており、企業も軍事生産に前のめりになっていて、私は軍事大国になっていく危険性を強く懸念しています。

民生利用から軍事利用へ

以上、主に軍から民への技術の移行について述べました。これは通常、「Spin Off（スピンオフ）」と呼ばれています。軍事技術が民間へ波及していくという意味（軍事から外れて――オフして民生用品になる）ですが、これとは反対の「Spin On」という言葉も使われるようになりました（民生用品が軍に乗っかって――オンして軍事装備品になる）。民間の技術が軍事に取り込まれていくことを意味し、実はこれには長い歴史があります。

というのは、第二次世界大戦になって、原爆やレーダーなど戦争を直接の目的とする兵器や装備品の開発が行われるようになるまでは、むしろ民間に使われていた技術を軍事のために焼き直して使用するということが普通であったためです。

たとえば、第一次世界大戦のときに登場した「戦車」は湿地でも動かせるキャタピラー付きのトラックから、「潜水艦」は海に潜るための一人用の潜水船から、「飛行機」はエンジンを積み込んだ固定翼の航空機から、というふうにそれぞれ民間で使われていた乗り物を改造して軍事兵器にしたもので、まさにSpin Onというわけです。それ以外にもレーザー（通信のための光のビームから電子機器破壊用レーザービーム兵器へ）、双眼鏡（遠景を拡大する光学機器の銃への装塡）、超短波（電波天文学での受信から軍事通信へ）、ロボット（工場自動化の道具からキラー兵士へ）、遠隔操作飛行体（ラジコンの模型飛行機からドローンへ）、ナイロン（ストッキングからパラシュートへ）なども、民生から軍事への技術移転の結果です。最初は民生利用ですからノウハウは一般に公開されており、軍としては技術の秘匿性より兵器への有効活用を優先したと言えるでしょう。

第一次世界大戦は毒ガス戦になりましたが、最初に使われた塩素ガスは、水道水の殺菌のために使われていた消毒用ガスで、細菌（や人体）に危険なガスをそのまま兵器に転用したものですから、これもSpin Onと言えるかもしれません。一般に、民生用から軍事用に使われるようになった製品は、その性質上、人を凄惨に殺傷するための主要な武器となることは少なく、戦争を効率化するための小道具である場合が多いという特徴があります。そのため比較的安価に生産できるわけです。おそらく、民間用の製品の開発が先行できたのは、やはり開発資金が安かったためと思われます。これに対して、軍事から民生に転用された技術開発は、ＧＰＳやロケットやコンピューターなどからわかるように、大掛かりで金がかかる製品が多く、軍が採算抜きにして膨大な資金を提供することがなければ開発できなかったことがわかります。

軍事開発への動員

民生から軍事へのもう一つの流れは、大学等《など》（大学や国立・私立の研究所を含む研究機関）の科学者の軍事開発への動員があります。大学等の科学者は、元来公的研究費をもらって民生のための研究を行っているのですが、その科学者たちを金の力（研究費を提供するという形）で軍事研究に誘い込むというのが軍のやり方です。

たとえば、アメリカの国防省（ＤＡＲＰＡ：アメリカ国防高等研究計画局）が提供する奨学金や研究資金は、これまでと同じ研究テーマでよい、研究発表は自由にできる、提供する資金の使い方に干渉しないというふうに、いかにも研究の自由があるかのようで評判がよく、多くの研究者が資金提供を受けています。アメリカ本国では、人間型ロボットの研究とか、昆虫サイズの小型飛行体兵器の開発とか、遺伝子改変による生態系の攪《かく》乱など、大きなテーマを掲げて研究募集をしていますが、基本的には自由に研究をやらせているようです。

日本の研究者もDARPAからの研究資金を多く得ています。その契約内容から、アメリカ軍は日本の研究者の人脈を探り、日本人学者との友好関係を築き、米軍と研究者の結びつきを強めておくことを第一目標としているようです。そのためか、大きな研究資金を提供していますが、自由度は高く、いかにも民生技術の開発という姿勢を保っています。

しかし、むろん言うまでもなく、それだけで終わるわけではありません。DARPAは、資金提供を行っている科学者が日常的に行っている研究内容を常に監視しており、軍事装備品の開発にとって非常に有効であると判断したときは、さらに莫大な資金を提供して、その科学者を実際の軍事装備品の開発研究に勧誘しているのです。その場合は、明らかな軍事開発ですから秘密研究ということになります。いわば、日常の資金提供は魚を釣る時の撒《ま》き餌《え》に似ていて、科学者という魚が食いつくのを待っているのです。

このような方法で、軍当局は科学者が普段行っている民生研究を、そのまま軍事研究に転換させるという方法で科学者の取り込みを図っています。この方法だと、科学者個人としても、軍事研究を行っているという罪の意識が薄く、実際に研究費をがっぽりもらえるし、特許も取ることができるので都合がよいのです。しかし、このような緩やかな形で民生から軍事への罠《わな》に取り込まれ、知らず知らずのうちに軍事研究にどっぷりと浸かるようになってしまう危険性があります。

アメリカでDARPAが採用したこの方法が成功し、多くの科学者が軍事研究に携わるようになったことを見て、日本でも同様の方法が開始されました。それが「安全保障技術研究推進制度」と名付けられた、防衛装備庁が資金を提供して大学等の研究者を軍事研究に呼び込む委託研究制度です。いかなる技術もデュアルユース（軍民両用）技術であることから、大学等の研究者が軍事研究に巻きこまれていく可能性が高いのです。

たとえば、「有毒ガスを吸収・分解する化学物質の研究」を行ってきた大学の研究者が、この制度で研究資金を得ました。防衛装備庁が、この研究を軍事技術になるとして採択したのは、テロ戦争が起こってテロ集団が有毒ガスをばら撒いたときに、この物質が自衛隊員の安全のために役立つと考えたためだと想像できます。一方、この研究者が最初に目指していた民生利用は、化学工場や炭鉱などで事故が起きたとき、この物質をヘルメットやマスクに塗っておけば、安全に事故現場から逃れるのに役立つというものです。ところが研究費を防衛装備庁から得たために、この研究者が開発した物質は自衛隊が使用を独占してしまう可能性があります。もしそうなれば、この研究者が最初に考えていた民生に役立てることができなくなってしまうでしょう。

このように、民生から軍事へのSpin Onは、軍がイニシアティブを持って金の力で科学者を動かし、せっかくの民生技術が軍事技術となって秘密になってしまうことを警戒しなければなりません。私は、「研究費を得るために、研究者の良心（人々の幸福のための民生品の開発）を軍に売って、軍事のための秘密利用に使われてはならない」と言っています。軍からの資金といっても、それはもともと国民の税金であり、科学者は真のスポンサーである国民を裏切ってはならないのです。

科学・技術の目的：文化と経済

21世紀に入って「役に立つ科学」ということがしきりに強調されるようになりました。

通常、「役に立つ」とはイノベーション（技術革新とそれに伴う生産・経営形態の更新）に大きく寄与するという意味であり、単純に言えば、経済の活性化に役立ち、金儲けにつながる革新的技術への貢献と言えるでしょうか。企業が新規事業を起こすことに力を尽すとか、企業が売り上げを伸ばして成長するのに役立つというふうに、科学が実利的な意味で役に立たねば意味がない、とまで言う人もいます。あるいは、「我々は霞《かすみ》を食べて生きているのではない」とか「誇りや倫理ではお腹が膨れない」と言い、実際の経済的な価値が生み出せない科学を否定する人もいます。むろん、そのような人でも、問われれば「基礎的な研究が必要」とは言うのですが、それはすぐに応用され利益を生むものでなければならず、「いつまでも基礎研究だといって甘えていては困る」と念を押すのです。

役に立たない研究の大事さ

基礎研究とは、モノになるかどうかわからない野心的なテーマに研究者が果敢に挑戦する研究で、そこからノーベル賞級の大きな成果が得られて成功することもあるけれど、何ら目ぼしい成果が得られず不成功に終わることもあります。というより、成功するよりも不成功である（あるいはごく小さな成功でしかない）方が圧倒的に多いでしょう。実際、多くの研究者がノーベル賞を目指して研究に勤《いそ》しんでいますが、ほんの少数しか成功せず、ほとんどはたいした業績を残せずにいます。では、そんな研究はムダで無意味であり、研究者が多くいる必要はないのでしょうか？

そんなことはありません。研究において不成功であった場合も、大きな仕事に繋がらなかった場合も、やはり意味があるのです。次の世代の研究者が同じ失敗をせずに済むからであり、次の研究が成功するためのヒントを与えることになるからです。研究とは、いわば、まだ誰も通ったことがない荒野に道をつけて、なんとか目的地に辿《たど》りつこうとする行為のようなものです。その過程で研究者は、雑草を刈り取り、倒木を片付け、岩や石を取り除き、川があれば橋をかけ、というふうな作業を行っているのです。そのようにして、数多くの研究者がけもの道から徐々に人が通る道へと整備した結果、険しい断崖を越えて目的の豊穣《ほうじょう》の地に行き着いた最後の研究者がノーベル賞を獲得していると言えるのです。

その意味で、ほとんどの研究者はゴールまで長く続く道の一部を整備し、人が通れるように固めるという、地味で目立たない研究を積み重ねています。一見すると、たいした業績も出せず、研究の発展に役に立っていないように見えるので、研究費を出すのは無意味だと思うかもしれません。しかし、そう決めつけるのは正しくありません。研究の世界には、このような小石を積み上げるような粘り強い作業が不可欠なのですから。数知れない下積みの努力があってこそのノーベル賞であるということなのです。

もう一つの基礎研究として、自然の法則や根本的な原理を追究する分野、つまり物質観・自然観・宇宙観など人間の文化のみに寄与する分野の研究があります。例えば、2002年に小柴昌俊《こしばまさとし》氏がニュートリノの研究でノーベル賞を授与されたとき、記者から「ニュートリノは何の役に立つのですか?」と聞かれて、小柴氏はただ一言「何の役にも立たない!」と返答されたそうです。ニュートリノは、太陽内部や星の最終段階から多数放出され、星の進化に影響を及ぼすことは理論的に予想されていましたが、私たちの生活に何かの役に立つとは考えられない粒子です。物質とほとんど反応せずにスカスカと通り過ぎていくためで、幽霊のような粒子と言えるかもしれません。通常の検出器では捉えることができず、カミオカンデという巨大な水槽でやっと捕まえることができたのです。

このようにニュートリノはカミオカンデで実際に存在することが確認でき、その性質が調べられるようになって素粒子の理論が確立することになりました。その結果、宇宙を構成する上で不可欠な物質の一つであり、宇宙の進化に重要な役割を果たしていることが実証されたのです。

実際のところ、ニュートリノは、純粋に科学の世界でのみ非常に大切な物質ですから、まったく経済論理や商業的利用とは関係がありません。だからといって、「何の役にも立たない」と言い切ることはできませんね。科学のため、文化のために、ニュートリノ研究は「役に立っている」ことになりますから。私は、これを「無用の用」と言っています。ある目的のためには役に立たない（無用）けれど、別の目的から見れば（異なった視点で見れば）役に立つ（用）という意味です。

文化としての科学

科学研究の社会に対する役立ち方を考えてみましょう。

一つは科学・技術の効能について先に述べたように、それによって人間の生活が便利で効率的になり、生産力が増大し、人々の暮らしが健康的で豊かになるということです。特に技術は人間の生活に密着した人工物を製作することが本来の目標ですから、技術の効能がより大きくなるためには人々の生活により役立たねばなりません。そして、当然、技術の発達による効能が経済的利得と結びつくことが求められます。要するに、儲かるための技術開発であることが、一般に受け取られている「社会の役に立つ」という意味になります。先のニュートリノに対する質問も、ニュートリノが遠隔通信に使えるというようなことを期待したのだろうと思われますが、科学・技術の研究はこのように役立つことが当然と通常は考えられているわけです。

しかし、「役立ち方」はそれだけではありません。もう一つは、ニュートリノの研究がそうであったように、純粋科学や文化の創造に寄与するという役割です。私は常々「科学は文化である」とか「文化としての科学」と言っていますが、金儲けや経済的利得は二の次で、人間の精神的活動としての文化の一つとして科学を考えています。モーツァルトの音楽もゴッホの絵画もロダンの彫刻もモリエールの演劇も、これらの芸術の成果は文化であり、「無用の用」と言えるでしょう。これらが無くなっても私たちは生きていけるのですが、これらがない世界は精神的に貧しくて空《むな》しく感じられるでしょう。「人間はパンのみにて生きるにあらず」で、物質世界から言えば「無用」ですが、精神世界には「用」なのです。

ここで「文化」というものが持つ意味を考えてみましょう。文化は人間の精神的活動の成果で、芸術のみならず芸能や学問や宗教や道徳などが含まれ、科学もその一つです。文化とは、「あることが大事で、無くなれば寂しい」というもので、基本的には個人の心を満たすためのかけがえのない先人の贈り物と言えるでしょう。

文化のための行為ですが、まったく個人のレベルに閉じているのが「趣味」です。切手集めや小石集めや貝殻集めなどの趣味は、通常は利益や見返りを求めず、自分が楽しければよいというものですね。それが文化の発祥であり、それはとても大事な人間の営みなのです。西洋では、珍しい植物や動物や鉱物を蒐集《しゅうしゅう》する趣味から、やがて蒐集物の共通する部分と異質な部分に着目して分類するという「博物学」になりました。さらに、その各々の分野が独立して植物学・動物学・鉱物学というふうに分科して「科学」へと発展しました。その意味では、科学は趣味に出自（生まれ故郷）を持つ個人の楽しみであったのです。

趣味と文化の決定的な違いは、趣味は個人だけの楽しみですが、文化は社会性があるということ、つまり文化は多くの人々の支持によって広く共有されるものだということです。だから、文化は人々の支えによって維持できるもので、税金が使われたり、浄財で賄ったり、対価を求めたり、ボランティアの助けを得たり、というような形で社会と結び合うことになります。文化が健全に育ち社会に生き続けるためには、個人の努力と社会の受容が両輪とならねばならず、蓄積と発展のための努力が個人及び社会の双方に求められるわけです。こう考えると、文化こそ社会に生きる人間的行為、と言えるでしょう。私が「文化としての科学」と言うとき、科学は商売や経済の手先になるのではなく、「文化としての科学こそ人間の証明」であるということを言いたいのです。

他方、多くの科学者は、文化としての科学という抽象的な概念だけではなく、いつの日かそこから新しい技術が開発され、人々の生活に役立つようになると考えています。これが基礎研究の第三の「役立ち方」で、今はまだ何の役にも立たない純粋な基礎科学だけれど、そのうちに技術と結びついて、実際の物質に応用できるようになり、私たちの生活を豊かにするに違いない、と信じているのです。だから、焦らず長い目で見守って欲しい、と願っています。今確実に役に立つようになるとは言えないけれど、過去を振り返ってみれば何度もそんなことがあったのだから、またいつの日かそうなるだろう、という気持ちを持っています。

例えば、電子や原子の運動を記述する量子力学は、最初は人間の生活とは縁がない極微のミクロ世界の基礎的な物理法則でしかないと思われていました。しかし、1950年頃から、IC（集積回路）の発明を通じてコンピューターを動かす上での作動原理であり、X線や電子や陽子を用いた病気の治療や物質の診断に応用するための動作規則として働き、原子・分子レベルでの物質の振る舞いを記述しており、さまざまな新物質を作り出すための基本法則である、というふうに今や量子力学を抜きにしては成り立たない分野が数多く拓かれてきました。

あるいは、ＤＮＡは、最初遺伝の仕組みを考えるために導入され、もっぱら生命体の遺伝情報の成り立ちと伝達の謎を解くための便利な模型と考えられていました。しかし、研究が進むうちに、ＤＮＡ上の塩基の並び方が解読され、その改変の技術が開発されるようになった現在では、遺伝子操作は当たり前になり、生物世界を根本的に変えてしまいかねない状況になっています。

このように、基礎科学として始まった分野であったけれど、広い範囲に応用分野が展開し、人間の生活に大きな影響を与えるようになったことが何度もありました。科学者は「いずれ役に立つから」と人々や政府に期待を持たせて、研究費を保証するよう求めているのです。

これとは対照的に、日本の産業力の活性化のためだとして、政府や産業界は大学に基礎研究をすっ飛ばして、直ちにイノベーション（技術的革新）の種を提供するようしきりに要求しています。しかし、いくらイノベーションの掛け声をかけ研究費を投じても、最初からイノベーション狙いの研究は底が浅く、たいしたものはなかなか生まれません。遠回りのように見えるけれど、「いつか役に立つ」としか言えない基礎研究から始めた方がよいのです。「急がば回れ」という言葉があるように、近道をしようとすると、かえって道がわからなくなることが多く、基礎研究という遠回りに見える道を選ぶ方が得策なのです。

その意味で、基礎研究の第四の「役立ち方」があります。最初は実験段階で企業化や商業化はとても無理だけれども、じっくり時間をかけて基礎的な実験を積み重ねて技術開発に繋げていくという方法です。この場合、取りかかった時点では困難な技術で簡単に応用できそうにはないけれど、「いずれ役に立つ」との信念の下で、慌てずに基礎研究に没頭する、というものです。

その一例として、日本の企業が行った半導体のCCD（電荷結合素子）の開発があります。光を照射すると電子が飛び出してくる光電素子で、電子の輸送法を工夫して、素子のどの部分に、どのような色（波長）の光が、どのような強度で当たったか、をコンピューターで割り出せるように工夫したものです。その結果、碁盤のようにCCDを縦横に格子状に並べた版上に像を撮ることができ、それを刻々とコンピューターに記憶することでデジタル撮影が可能になりました。素子の感度を上げることによって弱い光でも像が撮れ、格子上の網目（メッシュ）の点の数を増やして詳細な像が撮影できるまでに進歩させました。この可視光用のCCDを世界で最初に作ったのは日本の企業で、ケータイのカメラなどに使われ、一時世界のカメラ市場を制覇しました。CCDの開発段階ではほとんど成功の見込みはなく、投資のムダではないかと非難されたのですが、その困難を乗り切って成功したのです。

別の例では、ドイツの質量分析器の開発があります。長い間、質量分析器は日本の企業が独占状態にあり、日本はそれに胡坐《あぐら》をかいて改良しか行いませんでした。これに対抗しようと、ドイツはより精度の高い新しい方式を考え出し、その開発のために基礎研究から試作と実験を繰り返し15年もかけてようやく完成させ、ついに日本の技術を追い越したそうです。最初は、まったく見込みが立たなかったのですが、「いずれ成功する」と信じて開発を続けた結果なのです。

以上のように、当面の効用が第一で科学・技術が直ちに役に立つことを追求するよりは、長い目で見て基礎的な研究からしっかり積み上げていく研究が重要であることがわかると思います。大学等の研究者はこのような信念を持っている人が多く、そのような科学者を大事にすることこそ、科学・技術を進めていく上での決定的なカギであるのです。ともすれば、近視眼的にすぐに「役立つ」ことを求めたがるのですが、それではかえって大きな成功を逃すことになるのではないでしょうか。

また、科学の文化的な価値を大事にし、科学がもたらす新しい物質観や世界観を学び直し、より深く自然を理解することが科学の重要な役割であることを忘れてはなりません。科学・技術を通常の企業活動と同じとみなし、投資を集中すれば成果が上がるとする考えでは、本当のイノベーションに結びつかないでしょう。根本から問題を見直し、長い目で見てじっくり育てていくという姿勢こそが、科学・技術の育成に求められているのです。

第5章　二種類の科学：単純系と複雑系

科学の対象は二種類あって、それぞれに対して研究の進め方や成立する法則のタイプが異なっている、ということを話しておきたいと思います。その二種類を、便宜上「単純系」と「複雑系」と呼んでおきましょう。

「単純系」とは、一般に問題を理想化した状態として記述でき、そこで働いている相互作用は「線形」関係（直線関係、比例関係）で表され、原因と結果は一対一で結ばれるのが通例です。状態を少数の部分（要素）に分ければ、簡単な系に帰着させることができ、各々の部分を徹底して調べることによって「部分の和＝全体」とすることができるのです。これを「要素還元主義」的手法と言いますが、要素（部分）に分解して、その要素に問題の本質を還元（帰着）させることができるという意味です。その結果、因果関係が明確に同定でき、すっきりした結論が得られやすいわけです。

といっても、単純なシステムだから、問題としては易しいと思うかもしれませんが、そうではありません。入り組んだ構造のシステムもあり、解くのが難しく、からみ合った仕組みを解きほぐす工夫をしなければならない場合もあります。

一方、「複雑系」と呼ぶ系は、その名の通り複雑で取り扱うのが難しい問題です。複雑系は、多数の成分（要素）から成り立っており、それら多数の成分の間は「非線形」の関係で結ばれているので解析が難しく、単純系のように少数の要素（成分）に分解して調べることができません。いくら要素に分けても複雑さは減少しないので、要素に分ける意味がないのです。さらに全体が集団となって運動するというようなことが起こるため、全体を丸ごと捉える必要があります。部分に分割してしまっては捉えられない運動が生じるのです。その結果として、全体は部分の総和以上になるわけです。

さらに、さまざまな非線形作用に起因する現象が表れ、原因と結果は複数対複数で結ばれているので、解を見つけるのも容易ではないという特徴があります。つまり、一つの原因に対し、ちょっとした条件次第で複数の結果が生じ、逆に一つの結果から原因を推測しようとしても、同じように作用する複数の原因が考えられるのです。そのため、原因と結果の結びつきが単純系のように一対一で１００％確かではなく、不確かな多くの答えを検討しなければなりません。第3章で提示した「トランスサイエンス問題」と呼ぶ難題の多くは複雑系に属しており、まさに現代の科学を超える（トランスする）問題として捉える必要があります。

今後、社会は複雑系に関わる多くの課題の解決をせまられるようになると思われますから、ここで複雑系について解説を加え、関係するさまざまな事柄をまとめておきたいと思います。

単純系：要素還元主義

例えば、物理の粒子運動の問題では、質量を持つが大きさがない点粒子を考えますが、実際には大きさがない粒子はあり得ません。あるいは真空中を運動すると仮定し、空気の抵抗などは考慮しません。このように、単純系ではとりあえず理想状態で問題を解くことが多くあります。こうして得た答えは現実とそう大きな誤差が生じず、必要な場合には空気抵抗などのズレを後で補正すればよいとわかっているからです。つまり、単純系の問題の大筋は基本的な仮定（真空、点粒子、空気抵抗は無視など）で決まっており、その振る舞いを解いて得た解答はほとんど正しいと証明できる場合を扱っているのです。このような対象が単純系の典型的なものであり、私たちが普通解いているのが単純系の最も簡単な場合です。

単純系では、本筋に関わらないと思われる余分な要素を切り落とし、重要だと思われる要素のみに絞り込み（帰着させ、還元し）、その要素の運動や反応や相互作用を詳しく調べることで、解答の本質的な部分を得ることができます。そのため、このような攻め方を「要素還元主義」と呼びます。基本的な要素を代表する物理量を選び、それに解の振る舞いを代表させる（還元する）わけです。

問題とする現象を前にしたとき、科学者は、その基本的な要素が何で、どのような法則性が期待できるか、などを予《あらかじ》め想定して研究に挑みます。そのとき、極低温にするとか、超高圧下に置くとか、強磁場をかけるとかのように、周囲の条件（境界条件）を極限的にすれば法則性がより鮮明に表れることが期待できると考えます。そのように、ある基本的な物理量に着目し、極限的な条件下に置いて反応性を調べ、その条件を変えても不変である物理量を探すというような方針で系の振る舞いを追究します。そのとき、より細部に分け入って系の状態を表わす基本的な物理量は何か、と追い詰めていく方法を「分析的手法」と呼びます。

この要素還元主義に従って問題を単純化し、分析的手法を徹底してより細かな部分へ焦点を絞っていくという研究の進め方は、17世紀半ばにデカルトが提唱したと言われています。それ以来ずっと続いてきた方法で、大きな成功を収めてきました。物質の根源を探る物理学の研究は、原子—原子核—素粒子へとより基本の物質に迫り、物質の反応性を探る化学の研究は、原子の反応、分子の形成、高分子系の生成など、物質の基本となる原子の結合・解離反応の体系として捉え、生命の起源と生物の進化を探る生物学の研究は、遺伝を司る基本物質であるＤＮＡの構造と変異、そしてその組み換え反応に生命活動の本質を見ようとしています。私たちが学んでいる理科の科目の膨大な知識は、この要素還元主義の成果と言っても過言ではないでしょう。

その結果として、科学がどんどん細分化していきました。分析的手法とは、対象とする物質を分解して部分（成分・要素）に分け、各部分を明らかにすることによって全体を理解しようとする方法です。事実、多くの場合、部分の和＝全体とした仮定は正しいと証明されてきました。また、より細かい部分に分ければ余分なことが省かれてより調べやすくなりますから、より詳しくわかることになり、対象の理解もより進むと考えてきました。物理学が、素粒子論、原子物理学、物性論、高分子物理学、プラズマ物理学というふうに研究対象ごとにわかれ、物性論だけでも誘電体、超伝導、磁性、半導体、分子固体、金属、結晶、放射線、統計力学、流体力学などへと細分化がどんどん進みました。分析的手法は必然的に狭い分野に分科していくことにならざるを得ないのです。

また、要素還元主義では原因と結果が一対一で対応していることが大前提で、それぞれの結果（現象）に対して唯一の原因を追及することが目的になっています。言い換えれば、一つの原因に対し一つの結果しか生じないことが常識になり、事柄のシロクロ（シロ＝正しいか、クロ＝間違いか）の決着が必ずつけられるとの確信につながることになりました。結果には必ず原因があり、結果から物質の作用の経路や変化の筋道をたどって調べていけば必ず原因に到達できる、との信念です。これは科学的な考え方の最も原点にある信念で、神や仏などの超能力者の存在を否定し、物事の起承転結（順序や組み立てのこと）を物質の系（システム）の繋がりとして考えれば解決できると確信を持っているのです。そして、実際に多くの現象の因果関係を完璧に説明するのに成功してきました。まさに、犯罪捜査において、結果としての犯罪を見て、原因としての犯人を追い詰めていくのに似ています。

さらに、この考え方や方法は、自然現象以外の人間が関係する事象、つまり社会的・経済的・政治的事象についても適用できると考えられています。何事でも原因（発端）があり、それがいろんな作用を受け変化しながらも結果（結末）に結びつくこと、逆に結果からさまざまに推測する中で原因を明らかにできること、を学んできたためです。事実、社会的な事象では社会科学（社会学、経済学、政治学、法律学など）、人間が関与する事象では人文科学（哲学、倫理学、論理学、言語学、歴史学など）と呼ばれます。それぞれの分野で物事や概念の構造や変化や繋《つな》がりが研究されており、各分野特有の方法が模索され法則が確立されてきたのです。

とはいえ、限界もあります。人間がからむとたんに問題として難しくなるためです。例えば、人間は聞かれたことに正直に応えず、ウソをついたり、ごまかしたり、知っているのに知らないと言ってとぼけたり、記憶にないと言って逃げたり、えこひいきしたり、わざと間違ってみたり、と筋道通り正しく対応してくれるわけではありません。従って、問題を突き詰めていく場合に、人間がからんでくると一つの答えになかなか到達しないのです。

また、人間にはそれぞれ個性があって皆同じように反応するわけではなく、それぞれが異なった反応をする場合が多くあります。先に、目撃者の証言は信じられるかという問題で議論したように、人間は複雑な感情を持つ動物ですから、その証言の信疑が直ちに明らかでないのが普通です。従って、有罪か無罪かを判断しなければならない裁判では因果関係に間違いが許されませんから、人間を証人にするよりも、その行動を客観的に証明する書類や記録などの物的証拠が重視されます（それでも間違いが生じるのですが）。つまり、人間は科学的な法則通りに振る舞うかどうかがわからないため、問題を複雑にするのです。社会科学や人文科学が単純ではないのは、そういうわけです。

それに比べて、自然科学は自然にある物質を相手にしており、物質には意志や好き嫌いはなく、一般に決まった反応しかしないので、物事の推移を調べる上では困難が少ないと考えてよいでしょう。また分析的な手法が採用されるのは、より小さい部分に分けて調べる方が物質の現象がより単純になり、法則性を見つけやすいためです。しかし、いくら小さな部分に分けてもちっとも単純にならず、法則性が明確に見えてこない場合があります。それが「複雑系」で、従来の単純系を相手にした要素還元主義が通用しない対象なのです。

複雑系：多数の部分から成る系

一例をあげると「天気予報」があります。最近では「お天気情報」というように、「予報」という言葉が持っていた「科学的に積み上げて将来を予測する」という意味から、「情報」という「種々の媒体を通しての雑多な知識の一つ」というふうに、厳密な科学とは一線を画したニュアンスを持つ言葉に変わっています。つまり、大気中の空気の流れに伴うさまざまな物質とその運動の変化である天気（天候、気象、気候）は、厳密に科学的な予測ができる分野ではないという認識が広まってきたためです。天気（気象学）は複雑系の科学の一つなのです。

地球の大気中には主に海から蒸発した水蒸気が含まれ、窒素（N_2）・酸素（O_2）・二酸化炭素（CO_2）などの分子や小さなチリが浮遊しており、それらは太陽からの光を吸収しつつ、輻射《ふくしゃ》（赤外線）を放出しています。また、水蒸気の一部は液体の水滴になって雲ができて雨となったり、日照によって水滴が水蒸気に戻って雲が蒸発したりを繰り返しています。場所ごとに気圧の大小が生じることによって風が生じ、風によって雲や水蒸気は流され、それによって気圧自身も絶えず変化するというふうに、複雑な基礎過程を経ながら天気は変化しているのです。

このような相互転換の反応は、一般に非線形過程で表されます。私たちが通常扱うのは線形過程で、入力と出力が比例関係（直線関係）にあるのですが、非線形過程の場合には、小さな入力なのに非常に大きな出力となったり、逆に大きな入力なのにごく小さな出力でしかなかったりして、その結果を簡単に予想することができません。複雑系の特徴の一つは、そこで生じている基礎過程が非線形過程で結ばれており、一般に解くのが難しいということです。

また、多数の成分が複雑に入り交じっているので、小さな部分に分けても複雑さはちっとも変わらず、分析的手法は有効ではなくなります。それに、小さな部分に分けること自身が正しくなくなる場合もあります。というのは、小さな部分に分けると考慮すべき反応が含まれなくなったり、多数の成分が集まって集団で起こる反応が正しく考慮されなくなったり、小さな部分への分け方が非常に多数あってどれが適切なのかがわからなかったりするからです。そのような場合は部分に分けず、全体を総合して捉える手法が開拓されなければなりません。

まとめると、複雑系とは多数の成分から成り、成分が非線形の関係で結ばれているような場合で、大気中で生じている物理過程はまさしくそれにあてはまります。お天気現象は典型的な複雑系なのです。そうすると、複雑系は急に登場した目新しい問題ではなく、単純系と同じく昔から存在してきたことがわかりますね。ただ、問題を解くのが難しく、それこそ「複雑な系＝厄介な系」として後回しにされてきたのです。コンピューターが発達するにつれ、全体を総合的に取り扱うことができるようになり、これらの問題に本格的に取り組めるようになったというわけです。

複雑系の例

複雑系としてお天気現象以外でよく知られている問題として、地球環境問題が挙げられるでしょう。地球環境を構成する物質は、山や海や平野や氷床のような地形、そこに存在する水や氷や空気や土壌や生物、人間の諸活動、地球を照らす太陽からの光、地球から出ていく電磁波、宇宙から降り注ぐ宇宙線、太陽や月の及ぼす重力など多種多様であり、それらの間に複雑な相互作用があります。さらに、それらは昼夜や季節によって絶えず変動し、地球上の大気の流れや海流はそれらの影響を受けて変化するのみならず、人間の活動と地球の変動とが結び合って大気中のCO_2の量を変えて気温や植物の生育状態までも変化させるというふうに、地球上のさまざまな現象が互いに作用し合っています。

特に、産業革命以来、人間の活動が増大して今や地球規模になり、地球の気象状態に影響を及ぼす状況になっていることが、地球環境問題をいっそう複雑にしています。人間の活動は、自然が引き起こす現象とは異質の、化石燃料や地下資源の利用のような人為的な地球の改変や、海岸の埋立てやダムの建設などの自然の改造に及んでおり、地球全体の動態（変動状態）に大きな負荷を及ぼすようになっているからです。

その結果として、全世界が協調しなければ地球環境問題を解決できない状況に追い込まれているのですが、世界中が一致して対応するということになっていません。なんとかパリ協定で温室効果ガスの排出削減の取り決めができたのですが、アメリカが離脱を宣言したり、北の先進国と南の開発途上国の意見が食い違ったりして、先行き不透明です。地球環境問題という複雑系に人間世界の複雑さが加わるのですから、問題はいっそう複雑になっていると言えるでしょう。

また違った複雑系の例として「地震の予知」があります。地震が、いつ、どこで、どれくらいの規模（強さ、マグニチュード）で起こるのかを予め知ることを「予知」と言っているのですが、長い間研究され、多くのデータが得られているにもかかわらず、現在でも予知することができません。地震とは、単純に言えば地下の岩盤に方々から力が加わって地層が歪《ゆが》み、やがて破壊されて地層が大きく動き、その衝撃が伝わって地面を揺るがせる現象です。だとすると、岩盤にあちこちから力を加えたとき、どのような条件の下で、どのような規模で破壊され、それがどのように周囲の岩盤や地層中を伝播《でんぱ》するか、あるいは破壊が中途で止まってしまうか、などがわかればよいわけです。

しかし、直接目で見ることができない地下ですから、どのような力が働いているかが正確にわからず、そもそも岩盤はどんな鉱物でできていて、これまでの履歴でどう歪み、どんな亀裂が入っているのか、などわからないことばかりです。さらに、地下の地質は不均一で、過去の履歴も場所ごとに異なっていますから、一般論が展開できません。そもそも岩盤が壊れる過程や壊れた岩盤がどのように変形・炸裂《さくれつ》するかは非線形過程で、どのような方程式で表現すべきかすら正確にわかっていません。というわけで、地震は予知できないのです。東日本大震災を起こした東北地方太平洋沖地震は、500㎞にわたって岩盤が壊れ、動かされ、それによって大津波が引き起こされたのですが、そのような大規模な地下の変動が起こることは全く予測できませんでした。

また、動植物が多数共存して生存している生態系も複雑系の一つです。さまざまな動物が喰《く》い喰われる関係（捕食・被食関係）にあり、そこに植物の生長状態も関係していることは、第2章の春先の小鳥と毛虫と新緑の生育関係のところで述べました。あの場合のように、通常は調和のとれた関係が成立していますが、どれか一つの時期だけがほんの少し狂うことで、生物世界に大きな変化がもたらされる可能性があります。魚類でも、植物性プランクトンを食糧とする動物性プランクトン、プランクトンや藻を食べる小魚、小魚を食べる中くらいの魚、それらを餌にしている大きな魚というふうな捕食・被食関係の系列があります。その関係性によって生育する魚の数が決まっており、また数十年間隔で、ある魚種の漁獲量が大きく変動する（レジーム・シフト）ということも起こっています。そこに人間の漁獲がからんできますから、漁業が持続可能であるためにはどのような考慮をしなければならないか、は重要な複雑系の問題です。

そもそも人間の体は複雑系で、同じ風邪薬を飲んでも効く人と効かない人があり、ガンの治療薬が有効な人があれば有効でない人もいる、電波を浴びると過敏な反応を示す人もいれば平気な人もいる、放射線を浴びてガンになる人もいればガンにならない人もいる、というふうに人さまざまです。むろん、人間の体の構造は共通しているのですが、いろんな物質に対する反応については多種多様であり、それぞれに合わせた治療が必要と言われるようになっています。それがオーダーメイド治療です。人体は一律な単純系ではないのです。

だから、原爆の被災者に対して、爆心地から3・5km以内とか、爆発後一〇〇時間以内に爆心地から2km内に入った人というふうに、原爆症認定の審査基準を定めていますが、それは100%確かな基準とは言えません。また水俣《みなまた》病で複数の症状がでなければ水俣病患者として認定しないというのも、画一的な判断で患者を切り捨てる方策です。原爆症も水俣病も、生活補償や健康診断のための費用を節約するため、便宜上一定の基準を設けているに過ぎないのに、あたかもその基準が絶対的で100%正しく、少しでもそれから外れると切り捨ててしまうのに使われています。人間を単純系であるとして、便宜的な基準でシロかクロに分けてしまっているのです。

複雑系である人間はシロ・クロに単純に分類できない灰色の部分があり、それぞれの個性によって症状の現れ方は異なるのです。だから、少しでも被災が原因と考えられる症状があれば認定すべきなのです。審査基準は患者を切り捨てるためではなく、多くの人を救うために作られる必要があり、人間が複雑系であることを認識することから始まるのではないかと思っています。

人間の体のなかでも脳は複雑系の代表です。神経細胞はニューロンと呼ばれる入力部の樹状突起と、信号が伝わる伝送部の軸索と、出力部のシナプスがセットとなったものが100億個から1000億個あると言われています。それらの中を信号が流れ、集団として一斉に反応することで、私たちの意識や思考や感情や記憶などが形成されているわけですから、神経細胞を1個ずつ部分に分けては何の意味も持ちません（そもそも1000億個もある神経細胞を1個ずつ調べることは不可能ですが）。脳の複雑な構造を丸ごと捉えないと、脳活動を明らかにできないことになります。

また、先に述べたように、人間は正直に反応するだけでなく、さまざまな屈折した感情を示すことは、まさに脳の精神活動の複雑さを表しています。さらに、神経細胞は固定した構造だけでなく、さまざまな経験の蓄積によって変形しやすい性質（「可塑性」と言います）があり、構造変化も脳活動に大きく寄与しているようで、その時間的な変化も人ごとに異なっています。その意味でも、脳の研究は複雑系の極致と言えるでしょう。

複雑系の特徴

ここで複雑系の特徴をまとめておきましょう。複雑系は、多数の成分（要素）が非線形の関係で結ばれていることから、線形関係で結ばれている単純系では起こり得ない現象がいくつも起こります。

その一つは「カオス」と呼ばれる現象です。線形の方程式の場合は、初期条件と境界条件を与えれば解けて、解の振る舞いは完全に決定できるのですが、非線形方程式の場合は必ずしもそうなりません。解が決定できなくなるのです。例えば、一つの入力に対して二つの出力があり、解がそのどちらになるかが決定できないということが起こります。そのため解が二つの間を飛んで滅茶苦茶《めちゃくちゃ》な軌道を取るようなことが起こります。出力が二つどころか、もっと多くなると解の飛び方も数多くなり、どのような振る舞いになるか決定できなくなります。これがカオス（混沌《こんとん》）です。一つの原因（入力）に対して一つの結果（出力）が生じるのが線形の場合で、非線形の場合には一つの原因（入力）に対して多数の結果（出力）の可能性があり、そのどれになるかが決定できなくなるのです。

あるいは、物質が存在する状態に物理的に不連続な二つの状態が存在する場合があります。その不連続が生ずる境界の状態を「臨界状態」といい、そこを過ぎると系の存在状態が根本的に変わり、まったく異なったもう一つの状態に移行するということが起こります。このような別の状態への移行を「自己組織化」と言い、何も力を加えないのに系の状態が大きく変わってしまうことになるのです。

たとえば砂を上からゆっくり落としていくと砂山が盛り上がっていきますね。そして、砂を落とし続けていくうちに、砂山がある高さになると突然不安定になって、全く別の形の砂山に姿が変わりますね。あたかも新しい砂山の形を予め知っていたかのように、力を加えないのに、集団的に運動して新しい形に移行するのです。

また、「バタフライ（蝶々《ちょうちょう》）効果」という思いがけない現象も生じます。蝶々がひと舞すると、非常に小さいけれど空気の揺らぎ（流れ）が生じます。それはすぐに空気の粘性によって消えてしまうのが普通です。しかし、空気がある特別な状況にあって、生じた空気の揺らぎが増幅するようなことが起こるとしましょう。空気の揺らぎに非線形効果が働くような場合です。その場合、揺らぎの振れ幅が大きくなり、それによってま

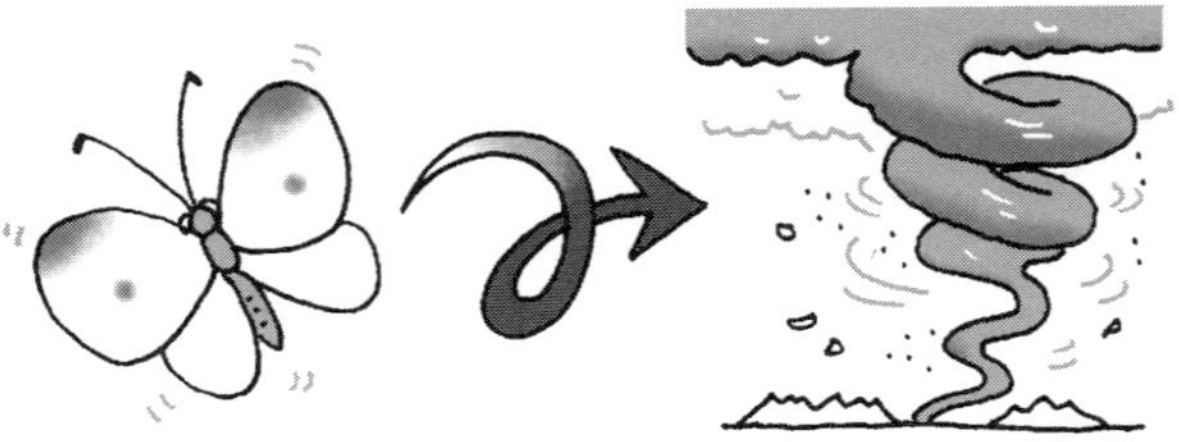
蝶の1回の羽ばたきで生じた
空気の渦が…
いつの間にか大嵐に…

バタフライ効果

すます非線形効果が効くことになって、大きな空気の流れに変化するということになるでしょう。その結果として、巨大な低気圧が発生して台風にまで成長することになるかもしれません。むろん、これは大げさなたとえ話で、現実には蝶々が舞ったことによって生じた空気の揺らぎが台風にまで発達することはありません。とはいえ、小さな揺らぎが非線形効果によって大きく発達する可能性があるため、「蝶のひと舞が台風を引き起こす」と誇張して「バタフライ効果」と呼んでいるのです。

このことは、最初は揺らぎとか、ノイズとか、計算上の誤差で生じたごく小さなズレ（変動）であっても、非線形効果によってずんずん成長することが起こり得ることを意味しています。気象予報では、空気の流れを計算機で追跡しているのですが、その過程で生じたごく小さな空気の揺らぎが時間と共に成長し、気象変化に大きく影響することがあります。そのとき、最初の揺らぎが何らかの物理的な原因で生じたものなのか、コンピューターが計算を進めていくうちに積もってきた誤差によるものなのか、わかりません。あるいは偶然に生じたノイズ（雑音、電気信号に必ず生じる乱れ）が原因の可能性もあります。そのような人の手では制御できない誤差や物理的に意味のないノイズがバタフライ効果によって、気象状態を根本的に変えてしまうことにもなるのです。

このようにバタフライ効果が生じることで結果が変わってしまう、というようなことが予想される場合、スーパーコンピューターで正確に計算したつもりでも、偽の信号に惑わされて間違った結果に導かれてしまうことになります。そのため、天気予報の計算を行うときは、4〜6時間おきにデータをリセット（初期条件を入れ直し）して、偽の信号を落とすような工夫がなされています。そうすることで誤差やノイズの効果を打ち消すことができるからです。

以上のように、複雑系の科学では、主として非線形項の作用によって、単純系では起こらないような現象が生じることが知られており、注意深い取扱いが求められます。と同時に、複雑系は単純系では起こり得ない現象が実際に多く生じるので、単純系で採られる要素還元主義的な発想で複雑系に対応すると、間違ってしまうことが多いので注意する必要があります。

その一つは、複雑系であるために問題を解くのが難しくなり、解が得られないカオスになったり、解がいくつもあってそのどれが正解かわからなかったりする場合があります。そのときに単純系のような簡明な答えが得られないことを理由にして、「科学的に証明できない」と結論して問題とすることを拒否し、ちゃんと調べようとしないということがあります。複雑系なのに単純系の発想で向かったために、問題が解けないことがそもそも理解できず、放り投げてしまうのです。

たとえば、かつて狂牛病と呼ぶ牛の病気（牛の脳が変性・破壊されて牛が狂ったような症状を示す病気）がイギリスで多数発症しました。人がこの病気に罹《かか》った牛肉を食べると、その人もクロイツフェルト・ヤコブ病（大脳の神経細胞が変性して認知症的な症状を呈して死亡する疾患）を発症するという恐ろしい病気です。この病気は、スクレイピーという脳疾患で死んだ羊の肉を牛の飼料として与えたことが原因であると最終的にわかったのですが、イギリス政府が最初この原因説を否定したこともあり、長く混乱が続きました。若い牛では発症しないため実験を行ってもすぐに結果が出ず、どのような機構で実際に発病するかを証明するのに長い時間がかかったのです。そのため、日本政府は「科学的証拠がない」としてその説を否定し、死んだ羊の肉が混じった飼料を与え続けました。その結果、日本の牛も同じ病気に罹ってしまったということがありました。

この証明に長い時間がかかったのは、飼料が直接病気を引き起こした原因ではなく、その飼料によってプリオンと呼ばれる変性したタンパク質が形成され、プリオンが病気を引き起こしていたという複雑な経路をたどっていたためです。しかも、プリオン説は伝染病の病原菌の決定に関するコッホの3原則と呼ばれる、

（1）病体から必ずその病原菌が発見され、

（2）それが分離され、

（3）分離して培養した菌が新たに同じ病気を発病させる、

のうち（3）の証明が現在でもなお不十分で、伝染・発病の過程が完全に解明されてい

ないのです。「複雑系疾患」と言うべきかもしれません。

最近では、福島の原発事故に伴って起こっている放射線被曝《ひばく》問題で、甲状腺ガンの発症の問題などで混乱が起きています。政府や福島県は原発事故に伴って浴びた放射線量が少ないことを理由にして、「甲状腺ガンの発症と原発事故は関係しない」という福島医大を始めとする医師団の意見を採用しています。しかし、実際の検診では甲状腺ガンの患者は増えており、原発事故が原因で患者が多く発生していると考えざるを得ないとして、「甲状腺ガンの発症と原発事故が関係している」と反論している人たちもいます。

このような意見の食い違いは、人間という複雑系と微量放射線被曝によるガンの発症という、二つの複雑系が重なり合った問題と言えるでしょう。後者の微量放射線被曝に関しては、福島医大の医師たちの間に100ミリシーベルト以下ではガンは発症しないという意見が強い一方、ICRP（国際放射線防護委員会）の公式見解ではどんなに放射線量が少なくてもその量に比例して発症するという説を採用しており、1ミリシーベルト以下とすべきとしています。しかし、ICRPは緊急事態の場合には被曝量は20ミリシーベルト以下との例外措置も勧告しており、国や福島県はその基準を現在も適用して帰還政策を強要しています。この経過を見ると、複雑系の問題の難しさと、そのような場合にどう対応すべきかの基本原則が確立されていないと言わざるを得ません。

さらに人間は複雑系ですから、どんなに微量の放射線被曝であっても発症する人がいるのではないかと考えねばなりません。だから、ある一定以下の放射線被曝では甲状腺ガンは発症しないという、単純系の発想は成立しないのです。そう考えると、浴びた放射線量が少ないから福島県のガンの発生と原発事故は無関係との判断も、人間は複雑系であるとの理解に欠けていると言わざるを得ません。少ない放射線でも非常に敏感に反応する人もいるのだから、やはり原発事故に伴う放射線被曝で甲状腺ガンが発生していると見るべきです。何しろ何もなければ10万人に数人の患者しか出ない甲状腺ガンが、100人の桁で発生しているのですから。そう考えると、今後も続けて検診を続けて、ガンの発症の早期発見によって被害を少なくするよう努める必要があると思っています。

先に述べた環境問題でも、複雑系に由来する意見の食い違いがたくさんあります。最近は減りましたが、まだ「環境問題は大ウソである」と主張している人がいるからです。現在は少しだけ地球が温暖化しているためで、やがて地球は冷えて元に戻るとか、「異常」気象はいつでも起こっており、それを特別言い立てるのは間違いだという主張です。確かに、30年に1回くらいの割合で起こっている「異常」は、平均からのズレ・揺らぎに過ぎず、すぐ元に戻るのだから心配ないことになります。しかし、「異常」ではなく、毎年のように気候変動が起こるようになって「普通」になれば、どう言うのでしょうか。

アメリカがパリ協定から離脱宣言したのも、トランプ大統領が「地球温暖化はでっちあげだ」という意見からの行動です。「本当に異常なのか」、それとも「揺らぎに過ぎない」のか、「異常」が「普通」になってしまったのかは、長い時間を経過しなければわからないのですが、長い時間経ってから、天候異変が続々起こり「異常」が「普通」になってしまってから、「取り返せない異常であった」とわかっても手遅れになります。

ここに複雑系の難しさがあります。高い確率で地球は温暖化しており、それは本当に異常なことである、しかしそれを100%の確率で証明できない、というジレンマがあるからです。そして、だからといって何もしないわけにもいきません。本当に異常なら、取り返しがつかなくなる前に手を打たねばならないからです。だけど、本当に異常ではないという確率もあり、もしそうなら手を打つのは費用の浪費となります。未来のことは誰も100%予測できないのですが、それに対して何らかの決断をすることが迫られていると言えるでしょう。私は、最悪の場合を想定して、地球温暖化防止のための手を打っていくべきと考えています。

別の議論では、「地球温暖化は事実としても、その原因はCO_2ではない」と主張する人は多くいます。「IPCC（気候変動に関する政府間パネル）はCO_2などの温室効果ガスは原因の90%に寄与していると言っているだけで、100%とは言っていないではないか」というわけです。CO_2の増加は地球温暖化に寄与していることは確かですが、地球は複雑系ですから、100%の責任をCO_2が負っているかどうかの結論は出せません。CO_2が原因であればその削減の努力をしないと温暖化はますます加速していく心配がありますが、CO_2が原因でなければ（例えば、太陽系外から来る宇宙線の影響だという説がありますす）削減の努力は不要で、このままCO_2を垂れ流しても構わないことになります。

地球環境（温暖化）問題も、そのCO_2原因説も、前もって手を打った場合には何とか回避できるので何事も起こらず、結局問題はなかったということになります。他方、何もしなければ、何事も起こらないか、破局がくるかのいずれかです。その結果、破局にぶつかったときのみ、前もって予測した危険性が証明できるわけです（手遅れですが）。

これは、原発問題とよく似ています。原発は危険だと予測して、事故を起こす前に原発廃止を主張する人がいました。その意見を受け入れて脱原発していれば原発事故に遭遇しなかったのは当然です。ところが、その意見を受け入れずに大事故を起こしてしまった結果、危険の予測が正しかったとわかったのですが、手遅れとなってしまいました。大事故が起こっていない段階では、余計な心配だと脱原発を否定していたわけです。破局が起こって初めて、問題の深刻さに気づいたのです。

一般に人々は「恒常性の心理」に支配されており、通常と異なるようなことは起こるはずがないという、心理状態を当たり前としているのです。しかし、それに慣れてしまうと破局に遭遇する可能性があります。「茹《ゆ》で蛙《がえる》」の話にあるように、入っている湯の温度が少しずつしか上がっていないと、いつも同じだとして気がつかないまま、ついに茹で上がってしまうというわけです。

では、複雑系につきものの「不確実な知」とどう向き合うべきなのでしょうか。

その第一の鉄則は、現代科学がいかに発達したとはいえ、すべてのことが分かっているわけではない、特に複雑系に関することはわかっていないことの方が多い、ということを自覚しておくことです。従って、複雑系について明快な答えが得られていない場合に、「科学的証明がない」と決めつけて切り捨てたり、単純系として扱った安易な結論に同調したりせず、常に懐疑し続けることが必要です。人は、早く結論を出して決着をつけたいと思いたがるものですが、まだわかっていないことが多いとして結論を急がないこと、それが鉄則です。時間が加速されている現代なので即断即決の方が高く評価されるのですが、複雑系を相手にした場合は急いではならないのです。

といっても、何らかの答えを出すことが迫られ、「わからない」「検討中」のままでは許されないことも多くあるでしょう。確かなことは言えないとは知りつつも、何らかの予想・予測をして手を打たねばならないことがあるからです。その場合に、どのように対応するのがよいのでしょうか。

まず心がけるべき第一の原則は、「利益よりも安全優先」ということです。私たちは、利益に目がくらむと危険性を低く見る傾向があります。というのは、利益に捉われると欲張りになり（そればかりを優先するようになり）、危険性に対する対策（用心）を割引する（手抜きする）ようになるからです。その好例が原発で、経費が安い、大量の電力を安定的に供給する、CO_2の排出量が少ないと能書きを並べられると、安全性まで完全であるかのように錯覚するようになり、危険性に対する対策が疎《おろそ》かになってしまったのです。利益に捉われると出費を抑えたくなり、安全対策費のように、何事も起こらなければムダのように見える経費を切るのが当然ということになります。利益と安全性とは別と切り離すことが重要で、利益を増やすために安全性を割引することも、安全性の議論に利益を絡ませることも、してはいけません。「利益は最小に、安全性は最大に」と心がけておいてほどほどになると考えるべきでしょう。

この心得を一番的確に表しているのは、公害問題などで学んだ教訓から得られた「予防措置原則」です。例えば、これから生産・販売しようと思う新製品に対し、「危険性があるとの指摘がある場合、その危険性の一部始終が具体的に証明されていなくても、実際の使用や商業化を急がず、予防のための措置を講ずる」という原則のことです。新製品の採用だけでなく、ダムの建設や海の埋め立てなどの環境改造に対しても、あるいはX線照射などの医療行為や健康保全のための薬物投与などについても言えることです。

行為の目的の正当性のみではなく、それがもたらす結果の安全性をも併せて考え、安全性が完全に保証できない恐れのある場合は、予防のために実行を控えることを求めています。むやみに実行を急がず、安全性が確かめられるまでは自重する、つまり「疑わしきは罰する」という原則です。殺人など個人の犯罪行為に対しては「疑わしきは罰せず」が原則なのですが、新たに実行する事柄において、危険性が生じて社会的に影響を与える可能性がある行為については、「疑わしきは実行せず」とすべきなのです。

この原則は遺伝子組み換え作物について適用されていますが、産業界からの反対が多くてなかなか広がっていません。産業界（企業）としては、開発した新製品は少しでも早く売り出して儲《もう》けたいと望んでおり、安全性が証明できるまで予防のための措置を取るべきとの原則を適用するとビジネスチャンスを失う、と恐れるわけです。しかしながら、新薬を開発して十分毒性のテストをしないまま売り出し、薬害を引き起こして大損害したことが度々ありました。やはり安全・安心な社会を築いていくためには、さまざまな状況において予防措置原則を適用することが大事であると思っています。

とはいえ、複雑系に絡む問題では100%安全性の証明（完全な無害の証明）は不可能ですから、どこかで手を打たなければなりません。事実上、危険性をすべて100％チェックして手を打つことはできないからです。そこで、「リスク評価」と言うのですが、許容できる危険性（リスク）のレベルを決め、そのレベル以上なら危険性があるとして禁止する（実行させない）、逆にそのレベル以下なら許容できる危険性であるとして実行を許可する、という便法が採られています。いかなる行為にも危険性は必ず付随するのだから、その範囲を予め決めておこうというもので、現代のような科学・技術文明の時代には、このような方法は仕方がないと思われます。

言い換えると、私たちは、ある確率でリスクは必ず生じて犠牲者が出ることは覚悟しなければならないということです。これは技術が抱える必然的な問題で、私はこれを「技術の妥協」と呼んでいます。100％安全な技術はなく、また100％安全な人工物を作ることはできません。どんな強烈な地震に遭遇しても絶対に倒れない家を造ることを考えてみましょう。そんな家は建築にすごく時間がかかり、すごく高価なものになり、柱が太く、壁は厚く、屋根は頑丈で重くなって、すごく使いづらくなるでしょう。そんな家では使い物になりません。そこで妥協して「建築基準」を作って、ある強度以下の地震に耐えられる家屋であれば、それでＯＫとするのです。従って、もしその強度以上の地震に襲われたなら家は破壊されて死ぬようなこともあり得るけれど、それは仕方がないとしています。

もっとも、そのリスク評価（例えば建築基準）が甘くて、しょっちゅう事故を起こして危険性があるようなら、リスクの基準を厳しくしなければなりません。しかし、逆に厳し過ぎると、その技術は使われないままになってしまうでしょう。消費者も企業も同意する基準が策定されることが必要であり、私たちは、このような技術のリスクを承知して社会生活を送っているということなのです。

だから、そのようなリスクを社会として受け入れないのなら、その技術を採用しないと決めるしかありません。原発のような複雑なシステムでは、リスク評価は不確定度が大きく非常に難しい上に、いったん大事故を起こした場合には放射線被曝による苦しみが長年継続するので、他のリスク評価と同列に論じることは困難です。そのような技術に対しては予防措置原則を厳密に適用して、許容できる安全性の保証が得られるまでは実験に止《とど》め、商業的な利用を行わない、とすべきではないかと考えています。

確率でしか答えられない系について

以上のように、複雑系では、ある確率でしか結果が予測できないことが多く（あるいはその確率すら計算できない場合もあるのですが）、人それぞれの確率の捉え方次第で意見が分かれてしまうことをさんざん経験しています。そのために予防措置原則というような、科学のみに頼らない議論について述べましたが、最後に確率でしか答えられない系にもいろいろあることを述べておきたいと思います。

単純系の場合は、一つの原因と一つの結果が１００％の確率で結びつく、あるいは一つの結果に対する原因を１００％の確率で言うことができます。それに対して複雑系では、一つの原因から一つの結果に結びつくのは１００％以下の確率でしかなく、他の結果が得られる確率もあります。また、一つの結果に対して考え得る原因も１００％以下の確率でしか言えず、何％かの確率で他の原因がいくつも考えられることになります。つまり、因果関係を明らかにする科学ではあっても、不確定なこととしか言えないのです。

このように多数の成分から成る複雑系の場合、原因・結果とも多数考えられ、必然的に未来予測もせいぜい確率でしか言えないということになってしまうわけです。

逆に、答えが確率でしか得られない事象であっても複雑系とは言えない場合もあります。宝くじは（賞金の多さによりますが、例えば）1000万本に1本は必ず1等が出ることが決まっていて、当選番号の決め方は完全に偶然となっているので誰が当選するかはわかりませんが、当選確率は1000万分の1と確かに言うことができます。宝くじは単純系なのです。このように、科学的予測に偶然の要素が入ると確率で計算するしかないのですが、完全に偶然が決めている事象や完全に不規則な運動では、確率をあいまいさなく完璧に計算することができるので単純系なのです。必然と偶然が入り交じっていたり、規則的な運動にときおり不規則性が入り交じっていたりすると複雑系になると言えるかもしれません。

例えば、「人間は考える葦《あし》である」との言葉を残した哲学者のパスカルは、賭博の研究を行い、ルーレットの原型を提案したと言われています。ルーレットは、真ん中に回転する盤があり、頂点のところに玉を載せると玉は回転盤に沿って落下し、下の円周の溝のどこかに落ちるかを賭けるゲームです。玉の運動は力学の法則に従ってどこかに落ちるのは確実ですが、回転盤の凸凹や落ちる玉自身の回転による摩擦抵抗の、ちょっとした差（不規則性）が累積して落下運動が大きく影響を受け（バタフライ効果です）、玉がどこに落ちるかを決定することはできません。ルーレットは複雑系なのです。

パチンコの場合は、打った玉が釘《くぎ》に当たったり滑ったり、玉に塗られた油による摩擦の違いで運動方向が大きく変化するというような偶然によってランダム（不規則）になり、玉の動きを正確に追いかけることができません。といって、玉が動く軌道は完全にめちゃくちゃというわけでもなく、動ける範囲を制限してバタフライ効果を抑えており、最後に到達する場所は決まっています。パチンコは、偶然と制限バタフライ効果を巧みに組み合わせた複雑系のゲームと言えるでしょう。

台風の動きは、通常、数時間後の位置を誤差を含んだ円で示しています。あの予想図も台風の位置を完全に決められず、確率の高い部分を表示しているのです。あるいは、明日のお天気の降水確率を発表していますが、ある時刻の気圧配置が完全にわかっていても、雨が降るかどうか１００％の確率で言えないためです。そのため、同じような気圧配置になったときの過去のデータから降雨確率を計算していて、空気の流れを記述した方程式から得られたものではありません。いわば経験則を使っているのです。つまり気象現象は、計算による必然と過去の経験の適用という偶然が入り交じった複雑系なのです。生活に役立つ降水確率を求めるためには仕方がありません。

伝染性の病気が蔓延《まんえん》すると大変であるとして予防接種が行われますが、その場合非常に小さい確率ですが副作用で発病したり、別の疾患が引き起こされたりします。ほとんどの人にとって無害でも、非常に小さい確率で害を受ける人もいるわけで、それは人間が複雑系であるためです。原爆症や水俣病などで疾患を訴える人がいれば、典型的な症例を示していなくても認定すべきだと、これまで私が主張したのと同じことです。予防接種禍では、明らかに原因がそれであるとわかるのですから、人間は複雑系であるという立場できちんと対処すべきことは言うまでもありません。

他方、人間が複雑系であることを口実にして、実際の有害物を見逃してしまうこともあるので用心しなければなりません。ある新しい農薬を使っていて、ごく少数の農家の人が中毒になったというケースがあります。農薬そのものが毒性を持っていたなら、同じような症例が多く出てくるはずですがそうではありませんでした。同じ地域で病気が集中して出たのなら、その地域の特異性（集中散布や土質や水質）が原因だと思われましたが、調査によってそういうことでもないことがわかりました。そうすると、残る可能性は、その農薬と他の化学物質が（他の農薬を混ぜたりして）反応したために毒性が生じたか、単に人間の複雑性によるものか、ということになります。しかし、その判定のためには農薬に他のどんな化学物質が混じっていたかを、微量の化学物質まで調べる必要があるのですが、可能性は非常に多くあり、実際に調べることは不可能です。そのこともあって、あの人は特異体質だから発病したと解釈して不問にしてしまいました。個人の特異性のためとして、農薬が無罪であるとの主張が通ったのです。人間が複雑系であることが便宜的に使われたと言えるでしょう。しかし、農薬が原因で人間の特異性が引き出されたのは確かですから、農薬はやはり有罪で使用上の注意を表示しなければなりませんでした。あくまで個人の利益のために複雑系であることが使われなければならないと思います。

ある人が肝臓ガンと診断され、手術すれば5年生存率（5年後まで生きている確率）は70％となるが、手術をしなければ30％に減ってしまうと言われました。さらに医者から、難しい手術なので失敗する確率が10％あり、その場合は5年生存率が10％しかないと付け加えられました。さて、その人はどう判断すべきでしょうか？　このように確率で言われると、私たちはどう判断すべきか迷ってしまいます。まさに人間は複雑系ですから生存率や手術の失敗率も確率でしか言えず、これまでの多数の病例や手術例から導出した経験値を使っています。だから、データとしては正しくても、その人にそのまま成立するわけではなく、チェックのしようがありません。

このように確率を使うことで、いかにも単純系の決定論であるかのように思わせてわかったような気にさせ、科学は万能だと誤解させていることが多々あります。私たちも数値の意味を問うことをせず、表面的に解釈してごまかされていないかを反省する必要がありそうです。

複雑系の難しさばかりを述べてきましたが、少なくとも現段階では理論的研究を優先して進め、その複雑系が孕《はら》んでいるさまざまな問題点を明らかにすることがまず大事だと思っています。言い換えると、複雑系では想像もしなかったような思いがけない現象に、と同時に、研究を進めていく楽しみも多くあるということです。複雑系を解析するための新しい数学的手法を開拓したり、新しい概念を持ち込んだりすることが求められていて、多くの冒険をすることができます。そのため、研究の進歩はまだゆるゆるとしたものですが、今後大きく発展する可能性を秘めていると言えるでしょう。君たちがチャレンジする非常に有望な分野であり、活躍してくれることを期待しています。

第6章　科学する君たちへ

君たちは、今科学を学んでいる最中です。というより、科学を学ぶということは一生続くことで、今君たちが学んでいるのは「科学を学ぶための基礎」と言えるでしょう。「読み書きそろばん」という言葉がありますが、昔の人が学問を学び、進めていくための基礎的能力のことを象徴的に述べたものです。（書物を読んで）先人たちが開拓してきたことを学び継承する、（字を書いて）自らが新たに発見したことを表現する、そのために数学的に表現する技量を身につけておく、というふうに学問をする人間が持つべき必須の能力と言えるでしょう。

学校でさまざまな科目を勉強することは、分科した幅広い学問分野の内容を継承するためですが、同時に分野ごとに異なった学問の考え方や進め方を学び身につけるためでもあります。だから、勉強は、単に知識を増やすためだけではなく、その知識を生み出す過程で、どのような考え方がとられ、どのように研究が進められ、どのようにして人類共通の財産として活かされるようになったか、を学ぶためでもあります。私たち自身が生きていく上で、先人たちが培ってきた知恵・知識を自分たちの力としていくための重要な機会なのです。それが最初に述べた「知は力」の意味と言えるでしょう。

本書では「科学する」ことについて、さまざまな側面を考え論じてきました。最後に、「科学する」ことを学んだ君たちに、特に心がけておいて欲しいことを述べておきたいと思います。単純に言えば、本書で私が述べてきたことを心の隅に留めておき、何か関連する問題に遭遇したときに思い出しては、「あの本で、池内先生はどう言っていたかな？」と読み返してくれればいいのです。情報が溢《あふ》れている現代ですから、本書のこともすぐ忘れてしまうかもしれないので、私が特に大事であると考える点についてだけまとめておきたいと思います。

「ミニ科学者」として心がけて欲しい倫理的習慣

まず、「科学する」ことを学んだきみたちは、いわば「ミニ科学者」です。科学者として第一線の研究を行っているわけではありませんが、本書によって、現代の科学の営みがいかなるものであり、そこに控える多様な問題点や今後求められる姿について学んできたからです。また、科学が成立する社会的背景についても知ることができたのではないでしょうか。まさに、「科学する」人間としての科学者が持つべき基本的な知識を身につけ、一般の人々よりは「科学のいま」について詳しく知っているという立場になったのです。

そのような「ミニ科学者」として、科学が人々に信頼され、正しく使われ、健全な社会を形作っていくために、果たすべき役割があると思います。そのために、日頃からシニアの科学者に心がけて欲しいと思っている倫理的習慣を「ミニ科学者」である君たちに伝え、君たちがシニアの科学者以上にそれを実践してくれればと願っているのです。

現在、シニアの科学者は社会からさまざまな批判を浴びています。政府や企業の方ばかり向いていて市民に顔を見せない、役に立つ仕事ばかりに集中して文化の創造に結びついていない、研究費の不足から軍事研究に引き込まれかねない、科学や技術の良さばかり宣伝して科学・技術の負の側面については口を噤《つぐ》んでいる、などなどです。市民からの信頼をもっとも重要に考えるべきなのに、それを忘れて市民の期待を裏切っているのではないかという批判と言えるでしょう。

　そのような批判を克服するためには、シニアの科学者の倫理意識を研ぎ澄ます必要があるのですが、なかなか伝わりません。シニアの科学者は日常の仕事に忙しく、一般の人々と対話したり、倫理を考える余裕を失っているというのが実情です。しかし、唯一、シニアの科学者が積極的に戸を開いて迎え入れ、常に対話したいと思っている相手が「ミニ科学者」なのです。

「科学する」ことに興味を持ち、将来科学の研究を行うことを望んでいる「ミニ科学者」たちは、自分たちの仕事を一番理解してくれており、自分たちシニアの科学者の後継ぎとなってくれるのではないか、と期待しているからです。自分の仕事の後継ぎができるのは嬉《うれ》しいということもあります。そのような「ミニ科学者」とシニアの科学者との対話が増え、シニアの科学者から最新の知識を聞いて学ぶだけでなく、科学と社会の関係について「ミニ科学者」たちとの対話が増えればどうでしょうか。

　シニアの科学者のほとんどは、心の底では科学の成果が戦争のためではなく世界の平和のために、そして人々を幸福にするために役立つ研究をしたいと思っています。しかし、研究費が欲しい、もっと良い研究条件の場所に移りたい、もっと上位のポストに就きたいなどの欲望から、権力や資金や研究設備を多く持つ政府や企業や軍の方になびきがちになり、市民との結びつきを忘れてしまうのです。そのようなシニアの科学者に対して、「ミニ科学者」たちから疑問や批判が出されたらどうでしょうか。シニアの科学者もおちおちしておられず、社会との健全な絆《きずな》を太くしようとすることを考えるのではないでしょうか。私は、科学が社会に有効に機能するためには、倫理意識をしっかり持った科学者が多数にならなければならず、そのためにはお目付け役となる「ミニ科学者」の存在がとても重要であると思っています。

「ミニ科学者」であるために

とすると、「ミニ科学者」に求められる倫理的習慣とは何でしょうか。むろん、それは科学者一般にも要求されるもので、「科学する」人間に普遍的であるはずです。ここで、私が考える倫理的習慣をまとめておきましょう。

①想像力を発揮すること

いかなる現象に対しても、「科学する」人間は、見えないところで何が起こっているかを想像することが当たり前になっています。現場の一部始終を直接見なくても（見えなくても）、どのように筋道がつながり、どのような仕組みが働き、どのように変化し動いているか、を頭の中に描くことを仕事としているからです。それに続いて、もし問題が生じるなら、なぜ、どこに、どのような条件下で問題が生じ、それによってどのような危険性へと発展するか、それを解決するにはどうすべきか、を想像する習慣を持っているでしょう。つまり、「科学する」人間は物事の変化に対して、論理的に（筋道を追って）かつ合理的に（理屈に合わせて）考察する癖を身につけているのです。

このように想像するということは、物事の仕組みや動作原理を「科学する」人間にとっては自然なのですが、そのような想像する力を他のあらゆる問題に対しても適用することを、科学者として習慣としてもらいたいと思っています。そして、社会に通用している考えがおかしいと感じるなら、それに対して自分として意見を述べることを躊躇《ちゅうちょ》しないということが大切です（現在ではインターネットによるブログで発信したり、SNSで自由に意見を述べる機会が多くありますから）。それが「科学する」人間の社会的責任ではないでしょうか。「ミニ科学者」として、とりあえず社会的な問題についても自分の意見を持ち、社会に発言していく科学者になることを目指して欲しいと思います。

②「真実」に対して誠実であること

一般に、科学・技術に関わる事故や事件の理由を突き詰めると、比較的に単純な原因に行き当たります。実は、社会で使われている科学・技術は単純系であることが多いためです。そのため、事故・事件において指摘される原因として、（経費節約のために）守るべき基準を満たしていなかった、（発売を急いだために）事前のテストが不十分であった、（儲《もう》けを優先させたために）手抜きをして安全装置を完備していなかった、（納期を満たすために）整備が不完全であった、（作業員の不注意やミスのために）間違った手順となっていた、などがあります。ここのカッコで示した（……のために）は「原因の原因」を述べたもので、直接原因の背景にはもっと根本的な原因があることを示しています。そして、二度と事故を起こさないためには、直接原因とともに「原因の原因」も問題にして手を打たねばなりません。それが事故の科学的「真実」なのですから。

それにもかかわらず、問題をウヤムヤにしたり、想定外とか不可抗力であった（どうしようもなかった）として「原因の原因」まで徹底追及せず、責任を負わないことが多くあります。それには、当事者である科学者・技術者が「真実」に対して誠実でないためというケースが再三見受けられます。そうなる理由として、組織との対立矛盾があったり、上役に忖度《そんたく》したり、同僚への義理やしがらみがあったり、共同体の利益を優先したり、取引先との談合があったり、と科学・技術以外の事情を優先して、科学的「真実」を隠してしまうことが挙げられます。これが科学への社会の信頼を失わせる大きな要因となっていることは誰でもわかると思います。科学者は、科学・技術に関連する事故・事件があれば、科学的「真実」に対して誠実・忠実・正直でなければならないのです。

「ミニ科学者」である間に、徹底して科学的「真実」に忠実であるという習慣を身につけることが大切です。これは倫理的習慣というより、科学者・技術者として当然守るべき義務なのですが、企業や大学や研究機関などの組織の一員になると、そうでなくなってしまうのです。組織の論理と個人の倫理が矛盾することが多いためでしょうか。そして、これまでの日本人には個人主義（個人の集合である社会においても、個人の利益や個人としての意義を優先させる考え）の意識が弱く、どうしても組織を優先してしまう弱点があるためと思われます。「ミニ科学者」たる君たちは、組織の奴隷となることなく、個人の尊厳を優先して欲しいと思います。「真実」に誠実であることこそが近代的な科学者の証拠なのです。

非常に複雑なシステムである原発事故のような場合、単純系とは違って、これが原因と絞るのが困難になります。福島原発事故でも、大地震と大津波が事故の直接の引き金を引いたことは確かですが、防潮堤の高さをなぜ高くする工事を行わなかったのか、排水ポンプをなぜ地下に設置したのか、電源車をなぜ少数しか準備しなかったのか、など津波による事故を防げる対策が採られていなかったことが問題でした。これが「原因の原因」で、人災の要素が大きいのです。天災が引き金を引いたのですが、人災が事故を拡大させ制御不可能にしてしまったと言えるでしょう。従って、原発に携わるすべての科学者・技術者は、これらの「原因の原因」にまで遡って検証し、どこに手抜かりがあったか、それを根本的に解決できる方策があるのかを検討しなければなりません。そのためには、東京電力という組織との関係や「安全神話」を広めた政府との結びつきなどについても、改善の手が打たれるべきことは明らかです。

そのような点にまで踏み込んで検証し真因を明らかにしていくためには、「真実」に忠実な科学者・技術者の証言と活躍が不可欠なのですが、現実には誰も現れません。それどころか、事故現場の状況の解明がなされていないのに（放射能が強すぎて不可能なのですが）、原発の再稼働の推進に勤《いそ》しんでいます。その理由は、脱原発によって日本の経済力が衰えては、どんなに良い事を言っても意味がないというわけです。確かに日本の経済力がどうなるかは重要な問題なのですが、今直面している原発事故の原因の解明と今後の改善の方向について考え議論すべきときに、日本の経済の問題を持ち出すべきではありません。問題をすり替えて「真実」を曖昧《あいまい》にし、事故の本質を隠してしまう役割を果たすことが明らかであるからです。

第3章で述べたように、別の関連する話題を持ち出して「真実」を見えなくする手法はさまざまな問題で使われています。「ミニ科学者」は、そのような話の筋道のすり替えを見抜くことができる力量を養い、そのようなことがあれば常に疑問を投げかける習慣を身につけるよう心掛けて欲しいと思います。

③すべてを公開すること

科学・技術に関わる事故や事件が起こり、その原因を究明しようとする場合、必要なデータが誰に対してもすべて公開されることが不可欠です。データが公開されれば、誰もがどこに問題があったかを検討して意見を述べることができ、原因究明が公明正大に行われるからです。それによって、曖昧さのない「真実」を発見できるということになります。科学・技術に関わる事故・事件の原因は、そこで生じた事実（データ）が公開されれば比較的容易に明らかにでき、原因の背景となった「原因の原因」が何であったかに迫ることが可能になるからです。だから、常に全データの公開を要求するのは「ミニ科学者」にとって、当たり前の習慣にならねばなりません。

しかし、組織や上役や同僚への配慮から、すべてのデータを公開するという科学者・技術者としての基本的責務を果たさず、不充分なデータしか出さない、データが取れなかったとか捨ててしまったとか言ってごまかす、データをでっち上げたり偽のデータをまぎれこませたりする、そんな科学者・技術者が多くいます。起こった事故・事件に対して基本原因を発見することよりも、自分の利害関係を優先する態度です。それでは、自分が携わっている科学・技術の「真実」を隠蔽する倫理違反であるばかりか、科学者・技術者としての自分自身の職責と誇りを裏切ることになるのではないでしょうか。

「ミニ科学者」である君たちは、いかなる状況にあっても、得たデータはすべて公開し、みんなと共有することの重要性と、常にそのことを主張することの大事さを忘れてはなりません。人々が信じる科学者のフェアネス（公正さ）とは、全面的に公開されたデータを基礎にすれば、科学者の誰もが同じ結論に達するという当たり前の事柄なのです。

科学とのつきあい方

最後に、君たちが現代社会を構成する市民となっていく上での、科学（あるいは科学者）とのつきあい方について助言しておきましょう。「科学する」ことを学んだ君たちであれば、納得できることばかりだと思います。

①科学を理解する努力をすること

科学の分野は非常に広がっているとともに、それぞれの分野は専門化しており、簡単に理解できるとは思えません。といっても、自分が特に興味を持っている分野の話ならもっと知りたいと思うでしょうし、日本人がノーベル賞をもらったり、ニュースで画期的な成果だと発表されたりした場合には、どんな研究をしたのか中身を知りたいと思うのではありませんか。あるいは、科学に関わる事柄で事故や事件を起こして社会的な議論になったり、世界で解決すべき問題だと話題になったりした事柄について、どこまでがわかっていて、どこからがまだわかっていないのか、知っておきたいと思うでしょう。「科学する」ことの大事さやおもしろさを味わったきみたちなら、いっそう、いろんなところで顔を出す科学の中身を押さえておきたいと求めたくなると思います。しかし、科学の最前線のこととなるととてもむずかしいし、自分で勉強するのも大変です。何しろ、どこから手をつけていいかわからないからです。

そうはいっても、現代はさまざまな機会で科学を学ぶことができます。最近では、大学の先生たちも社会とのつながりを強めようと、大学が主催する連続の講座や講演会、大学が設置している博物館や図書館のさまざまな催し、サークルなどで行っているサイエンスカフェなど、科学の中身を紹介してくれる多くのイベントがあります。それらの案内を見て、おもしろそうなものに参加してみてはどうでしょうか。近くの科学館や博物館でも、一緒に実験をしたり、パフォーマンスをして見せてくれたり、CGや動画を駆使した迫力ある映像を公開したりして、私たちを惹《ひ》きつけていますから。

こうして廻りを見渡すと、私たちの周辺には科学に関する情報は溢れていると言えるでしょう。それだけでなく、私たちがふと疑問を持ったとき、ホームページでインターネットを開くと、たくさんの情報が飛び出してきます（どのようなサイトを選ぶかが問題になるくらいですね）。さらに、多くの本が出版されていて、いろんな立場のいろんな意見を学ぶこともできます（これも、どのように本を選ぶか迷ってしまうくらいです）。つまり、現在の私たちは学ぶ気があれば、いつでも、どこでも知識を手に入れられるのです。だから、どんなことであれ、「知らなかった」「知らされなかった」と言える状況ではありません。求めればいくらでも知ることができるからです。

気をつけるべきことは、一つのインターネット情報や一冊の本を読んで信じ込んでしまい、他の情報や本には目もくれなくなってしまうことです。確かに、自分の直観と合う情報や本ならそれでよいとも言えるのですが、やはり他の人の意見に幅広く接する機会を持つのがよいと思います。家族の人たち、友だち、科学館や博物館の学芸員たち、サイエンスカフェの参加者や講師の先生などに直接話しかけたり、疑問を投げかけてみたりすることです。いろんな観点からの見方や考え方を知るなかで、自分としてどのように考えるのがいいかを決めていけばよく、焦ったり慌てたりすることはありません。

②科学者・技術者の行動を批判的に見ること

先に、「ミニ科学者」に求められる倫理的習慣のことを述べましたが、これは自分に課する習慣であるとともに、社会のなかで起こっているさまざまな科学・技術に関わる事故・事件に関係しているシニアの科学者・技術者が持っているべき倫理的習慣です。だから、現実に起きた事故・事件の推移（考えられる真相、生じた事柄の実態、結果の責任の取り方など）をよく観察し、そこにどんな問題点があるか（あったか）を倫理的習慣に照らして点検する癖を身につけることです。つまり、シニアの科学者・技術者が、想像力を発揮した対応をしているか、真実に対して忠実であるか、すべてのデータを公表しているかを検証し、科学者・技術者としての社会的責任を全うしているかどうか批判的に見ることを自分に課すのです。

このことを勧めるのは、「科学する」ことを体得しようとする人間にとって、現実に生じている実例から学んでいくいい機会であるからです。その場に自分を置き、どう行動するのがよいのか、自分なら具体的にどうするか、現実のシニアの科学者・技術者の行動はどうなのか、などを考えシミュレーションしてみるわけです。いろんな事情があることも考え合わせることが必要ですが、やはり人々から信頼される科学者・技術者として、あるべき姿を頭の中に描き、実際の行動として実行するよう求め続けることは、自分の成長にとっても重要であると思われます。

人間って、日頃から考えていないと、いざというときになって慌ててしまい、自己保身や責任逃れに走ることが多いものです。いったん、そのような逃げの態度をとってしまうと後で修正することができなくなり、結局、科学者・技術者として誇りを失った恥ずかしい姿をさらすことになってしまうでしょう。それは、本人にとってマイナスであるだけでなく、科学者・技術者という職業人としての信用を失わせ、社会的な地位を下げることにつながるのです。シニアの科学者・技術者の倫理的な対応をきちんと批判することは、その人たちを全面的に否定することではなく、かれらに自分たち自身の行動を見直すことを促し、より責任感ある職業人となるための励ましとなることを目的としているのです。

それは同時に、私たち自身がよき社会人となるための条件を身につけていくことにつながるでしょう。他人に対する批判は、無責任な放言ではなく、必ず自分に跳ね返ってきますから、自分を客観的に見つめ直すよいきっかけになることは確実です。

ちくまプリマー新書335
なぜ科学《かがく》を学《まな》ぶのか

二〇一九年十月十日　初版第一刷発行
二〇二二年二月十日　初版第三刷発行

著者　池内了（いけうち・さとる）

装幀　クラフト・エヴィング商會

発行者　喜入冬子

発行所　株式会社筑摩書房
東京都台東区蔵前二-五-三　〒一一一-八七五五
電話番号　〇三-五六八七-二六〇一（代表）

印刷・製本　株式会社精興社

ISBN978-4-480-68360-1 C0240　Printed in Japan